多執行緒 JavaScript
超越事件迴圈的並行

Multithreaded JavaScript
Concurrency Beyond the Event Loop

Thomas Hunter II 與 *Bryan English* 著

楊新章 譯

謹將本書獻給 *Katelyn* 與 *Renée*

目錄

推薦序

您現在拿著的書很有趣。這是一本 JavaScript 的書，其中包含了用 C 編寫的範例，討論了如何使用外顯式的單執行緒程式語言來進行多執行緒，也提供了很好的範例來說明如何以及何時來刻意的阻止事件迴圈，即使專家多年來一直告訴您永遠不要做這樣的事。最後以一串很好的理由和警告，來說明為何您實際上可能並不會想使用本書所描述的機制。更重要的是，無論您的程式碼將在哪裡部署和執行，我都會認為這是一本任何的 JavaScript 開發人員都必須閱讀的書。

當我和一些公司合作來幫助他們建構具有更高效率、更高效能的 Node.js 和 JavaScript 應用程式時，我經常不得不先往後退一步，花時間討論一下開發人員對程式語言的許多常見誤解。例如，曾經有一位在 Java 和 .NET 開發方面有著長久經驗的工程師認為，在 JavaScript 中建立一個新的 promise，很像在 Java 中建立一個新執行緒（其實並不是），並且 promise 會允許 JavaScript 平行執行（其實它們不會）。在某次對話中提到，有人建立了一個 Node.js 應用程式，該應用程式產生了 1,000 多個同時運作的執行緒，但他不確定為什麼在只有 8 個邏輯 CPU 核心的機器上進行測試時，卻沒有看到預期的效能改進。從這些對話中我們得到的教訓很清楚：對於很多 JavaScript 開發人員來說，多執行緒、並行性和平行性仍然是非常陌生和困難的話題。

處理這些誤解直接促使我（與我的同事，也是 Node.js 技術指導委員會成員 Matteo Collina 合作）發展了 Broken Promises 研討會，我們在其中奠定 JavaScript 非同步程式設計的基礎──教導工程團隊如何更有效的對他們程式碼的執行順序和各種事件出現的時機進行推理。它還直接導致了 Piscina 開源專案（與 Node.js 核心貢獻者 Anna Henningsen 一起）的開發，該專案提供了基於 Node.js worker 執行緒的 worker 池模型的最佳實務實作。但這些只有助於解決一部分的挑戰。

在本書中，Bryan 和 Thomas 專業地概括了多執行緒開發的基礎，並巧妙地說明了各種 JavaScript 執行時期（runtime）（如 web 瀏覽器和 Node.js）如何透過一種程式語言來支援平行運算，而該語言並沒有內建支援平行運算的機制。因為提供多執行緒支援的責任落在了執行時期上，而且由於這些執行時期之間存在著許多差異，因此瀏覽器和 Node.js 等平台各以不同的方式來實作多執行緒。儘管它們共享相似的 API，但 Node.js 中的 worker 執行緒和 web 瀏覽器中的 web worker 執行緒實際上並不是同一回事。幾乎所有的瀏覽器都支援共享 worker、web worker 和 service worker，而且 worker 執行緒在 Node.js 中已經存在好幾年了，但它們對於 JavaScript 開發人員來說仍然是一個相對較新的概念。無論您的 JavaScript 在何處執行，本書都將提供重要的見解和資訊。然而，最重要的是，作者花時間確切地解釋了為什麼您應該關心 JavaScript 應用程式中的多執行緒。

— James Snell
Node.js 技術指導委員會成員

前言

Bryan 和我（Thomas）在接受日本行動遊戲開發公司 DeNA 舊金山分公司的採訪時第一次碰面。即使大多數高層管理人員很明顯都會拒絕，但那天晚上我們兩個人在 Node.js 聚會上閒逛之後，Bryan 去說服他們給我一個工作機會。

在 DeNA 期間，Bryan 和我致力於編寫可重用的 Node.js 模組，以便遊戲團隊可以建構他們的遊戲伺服器，並根據他們的遊戲需求組合適當的元件。我們一直在衡量效能，而指導遊戲團隊有關效能的一切就是工作的一部分；我們的伺服器不斷受到來自於仰賴 C++ 的行業的開發人員的審視。

我們兩人也會以其他身份合作。另一種這樣的角色是在一家名為 Intrinsic 的小型安全新創公司，在那裡我們專注於在既完整又精細的層級上強化 Node.js 應用程式，我懷疑世界上不會再看到類似的產品。效能調校也是該產品的一大關注點，因為客戶不想影響他們的產能。我們花了很多時間執行基準測試、研究火焰圖（flamegraph）並挖掘 Node.js 內部程式碼。如果 worker 執行緒模組在我們使用者請求的所有 Node.js 版本中都可用，毫無疑問我們會將它整合到產品中。

我們也在工作之外的場合上合作過。NodeSchool SF（*https://oreil.ly/TNS5w*）就是一個這樣的例子，我們都自願教導其他人如何使用 JavaScript 和建立 Node.js 程式。我們還在許多相同的會議和聚會上發言。

您的兩位作者都對 JavaScript 和 Node.js 充滿熱情，並熱衷於將它們教給別人並消除其中的誤解。當我們意識到有關建構多執行緒 JavaScript 應用程式文件說明極其缺乏時，我們知道我們必須要做什麼。這本書的誕生源自於我們不只希望向他人介紹 JavaScript 的能力，而且還希望有助於證明像 Node.js 這樣的平台，在建構能善用硬體的高性能服務這方面，與其他平台一樣強大。

目標讀者

本書的理想讀者是已經編寫了幾年 JavaScript 的工程師，但不一定要有編寫多執行緒應用程式的經驗，甚至不需要有使用 C++ 或 Java 等更傳統的多執行緒語言的經驗。我們確實包含了一些 C 的範例應用程式碼，因為把它視為一種多執行緒通用語言，但這並不是我們期望讀者熟悉甚至理解的東西。

如果您確實有使用此類語言的經驗，那就太好了，這本書將幫助您理解 JavaScript，它與您可能熟悉的任何語言具有同等的功能。另一方面，如果您只使用過 JavaScript 來編寫程式碼，那麼這本書也適合您。我們包含了橫跨多個學習層次的資訊；其中包括低階 API 參照（reference）、高階樣式，以及介於兩者之間的大量切入技術，用以填補其間的任何空白。

目標

本書最大的目標可能是讓社群能夠瞭解，使用 JavaScript 來建構多執行緒應用程式是可能的。傳統上，JavaScript 程式碼僅限用於單核心，並且的確有許多 Twitter 推文和論壇貼文如此描述這種語言。有了像多執行緒 *JavaScript* 這樣的標題，我們希望能徹底消除 JavaScript 應用程式僅限用於單核心這樣的觀念。

在更具體的層次上，本書的目標是教您（讀者）有關編寫多執行緒 JavaScript 應用程式的幾個層面。讀完本書後，您將瞭解瀏覽器中提供的各種 web worker API、它們的優缺點以及該何時使用。就 Node.js 而言，您將瞭解 worker 執行緒模組並比較它的 API 和瀏覽器中的 API。

本書聚焦於介紹建構多執行緒應用程式的兩種方法：一種使用訊息傳遞（message passing），另一種使用共享記憶體（shared memory）。透過閱讀本書，您將能瞭解用於實作每種方法的 API、何時該使用其中的一種方法或另一種方法，以及在哪些情況下可以將它們組合起來──您甚至會接觸到一些建立在這些方法之上的高階樣式。

本書字體慣例

本書使用以下的字體慣例：

斜體（*Italic*）

指出新字、網址、電子郵件地址、檔名、以及副檔名。

定寬字（Constant width）

用於程式列表、以及在段落中提及的程式元素，例如變數或函數名稱、資料庫、資料型別、環境變數、陳述、以及關鍵字。

定寬粗體字（**Constant width bold**）

顯示命令或其他應由使用者輸入的文字。

定寬斜體字（*Constant width italic*）

顯示應該被使用者所提供或由語境（context）決定的值所取代的文字。

這個圖案代表提示或建議。

這個圖案代表一般性注意事項。

這個圖案代表警告或警示事項。

使用程式碼範例

您可以在 *https://github.com/MultithreadedJSBook/code-samples* 中下載補充資料（程式碼範例、習題等）。

如果您有技術上的問題或程式碼範例問題，請寄電子郵件到 *bookquestions@oreilly.com*。

本書是用來幫您完成工作的。一般而言，您可以在程式及文件說明中使用本書所提供的程式碼。您不用聯絡我們來獲得許可，除非您重製大部份的程式碼。例如，在您的程式中使用書中的數段程式碼，並不需要獲得我們的許可。但是販售或散佈歐萊禮的範例光碟則必須獲得授權。引用本書或書中範例來回答問題不需要獲得許可，但在您的產品文件中使用大量的本書範例則應獲得許可。

我們會感謝您註明出處。一般出處說明包含有書名、作者、出版商與 ISBN。例如：「 *Multithreaded JavaScript* by Thomas Hunter II and Bryan English (O'Reilly). Copyright 2022 Thomas Hunter II and Bryan English, 978-1-098-10443-6.」。

若您覺得對範例程式碼的使用，已超過合理使用或上述許可範圍，請透過 *permissions@oreilly.com* 與我們聯繫。

誌謝

本書成書受益於以下人員提供的詳細技術審查：

Anna Henningsen (@addaleax)

> Anna 目前是德國 MongoDB Developer Tools 團隊的一員，在過去五年中一直是 Node.js 核心最活躍的貢獻者之一，並積極參與了該平台的 worker 執行緒實作。她對 Node.js 及其社群充滿熱情。

Shu-yu Guo (@_shu)

> Shu 致力於 JavaScript 實作和標準化。他是 TC39 的代表、ECMAScript 規範的編輯之一，以及記憶體模型的作者。他目前在 Google 從事 V8 引擎的工作，領導 JavaScript 語言功能的實作和標準。在此之前，他曾在 Mozilla 和彭博社工作。

Fernando Larrañaga (@xabadu)

> Fernando 是一名工程師和開源貢獻者，多年來他一直在南美和美國領導 JavaScript 和 Node.js 社群。他目前是 Square 的高級軟體工程師和 NodeSchool SF 的組織者。之前在其他主要科技公司（如 Twilio 和 Groupon）任職期間，他自 2014 年以來一直在開發企業級的 Node.js，並將 web 應用程式擴展至可供數百萬使用者使用。

## 第一章

簡介

電腦在過去要比現在單純多了。這並不是說使用它們或為它們編寫程式碼很容易，但從概念上講，要操作的東西少得多了。1980 年代的 PC 通常只有一個 8 位元 CPU 核心跟少量記憶體，您通常一次只能執行一個程式。我們現在認為的作業系統甚至不能與使用者正在互動的程式同時執行。

最終，人們會想要一次執行多個程式，於是多工（multitasking）處理誕生了。這允許作業系統透過在多個程式之間進行切換來同時執行它們。程式可以透過將執行權交給作業系統，來決定何時是執行另一個程式的適當時間。這種方法稱為合作多工（*cooperative multitasking*）。

在合作多工環境中，當程式因為任何原因無法執行時，其他程式都無法繼續執行。其他程式的這種中斷並不是我們想要的，因此作業系統最後轉成搶奪式多工（*preemptive multitasking*）。在此模型中，作業系統將使用自己的排程原則，來確定哪個程式將在何時在 CPU 上執行，而不是讓程式本身成為該何時切換執行的唯一決定者。直到今天，幾乎每個作業系統都是使用這種方法，即使在多核心系統上也是如此，因為我們一般會執行的程式數量都比 CPU 核心還多。

一次執行多個任務對程式設計師和使用者來說都是非常有用的。在執行緒出現之前，單一程式（也就是單個程序（*process*））不能同時執行多個任務。相反的，希望能夠並行的（concurrently）執行任務的程式設計師，若不是必須將任務分成較小的區塊並在程序中進行排程，不然就是要在分別的程序中執行分別的任務，並讓它們互相通訊。

即使在今天，在一些高階語言中，同時執行多個任務的合適方法，就是執行額外的程序。在某些語言例如 Ruby 和 Python 中，有一個全域解譯鎖（*global interpreter lock, GIL*），這意味著在某個給定時間只能執行一個執行緒。雖然這可以使記憶體管理更加務實，但它使得多執行緒程式設計喪失了對程式設計師的吸引力，取而代之的是採用了多個程序的作法。

直到最近，JavaScript 唯一可用的多工處理機制是將任務拆分成小塊，並對它們進行排程以供後續執行，且在使用 Node.js 的情況下，需執行額外的程序。我們通常會使用回呼（callback）或 promise 將程式碼分解為非同步單元。以這種方式編寫的典型程式碼塊可能類似於範例 1-1，透過回呼或 await 來分解運算。

範例 *1-1 一段典型的非同步 JavaScript 程式碼，使用兩種不同的樣式*

```javascript
readFile(filename, (data) => {
  doSomethingWithData(data, (modifiedData) => {
    writeFile(modifiedData, () => {
      console.log('done');
    });
  });
});

// 或者

const data = await readFile(filename);
const modifiedData = await doSomethingWithData(data);
await writeFile(filename);
console.log('done');
```

今天，在所有主要的 JavaScript 環境中，我們都可以存取執行緒，和 Ruby 和 Python 不同的是，我們並沒有 GIL，這使得它們在執行 CPU 密集型（CPU-intensive）任務時實際上毫無用處。相反的，它進行了其他取捨，例如不能跨執行緒共享 JavaScript 物件（至少不是直接共享）。儘管如此，對於 JavaScript 開發人員來說，執行緒對於管制 CPU 密集型任務很有用。在瀏覽器中，還有一些特殊用途的執行緒，它們具有與主執行緒不同的功能集合。我們如何做到這一點的細節是後面章節的主題，但為了讓您先有一個概念，在瀏覽器中建立一個新執行緒來處理訊息，可以像範例 1-2 一樣簡單。

範例 1-2. 建立一個瀏覽器執行緒

```
const worker = new Worker('worker.js');
worker.postMessage('Hello, world');

// worker.js
self.onmessage = (msg) => console.log(msg.data);
```

本書的目的是探索和解釋 JavaScript 執行緒來作為一種程式設計的概念和工具。您將學習到如何使用它們，更重要的是，何時使用它們。不是每個問題都需要用執行緒來解決。甚至不是每個 CPU 密集型問題都需要用執行緒來解決。軟體開發人員的工作是評估問題和工具來確定最合適的解決方案。此處的目的是為您提供另一種工具和足夠的知識，以讓您瞭解何時使用它以及如何使用它。

什麼是執行緒？

在所有現代作業系統中，核心程式（kernel）之外的所有執行單元，都被組織成程序和執行緒。開發人員可以使用程序和執行緒以及它們之間的通訊，來為專案添加並行性 (concurrency)。在具有多個 CPU 核心的系統上，這也意味著增加平行性（parallelism）。

當您執行一個程式（例如 Node.js 或程式碼編輯器）時，您會啟動一個程序。這意味著程式碼會被載入到該程序獨有的記憶體空間中，而且程式在沒有向核心程式請求更多記憶體或映射至不同的記憶體空間之前是無法存取其他的記憶體空間的。沒有添加執行緒或額外的程序時，一次只能執行一個指令（*instruction*），而且會按照程式碼所規定的適當順序執行。如果您對此還不熟悉，您可以將指令視為一個程式碼單位，就像一行程式碼。（實際上，一個指令通常對應到處理器的組合語言（assembly）程式碼中的一行！）

一個程式可能會產生額外的程序，而這些程序都有自己的記憶體空間。這些程序並不會共享記憶體（除非它是透過額外的系統呼叫映射進來的）並且有自己的指令指標，這意味著每個程序可以在同一時間執行不同的指令。如果程序在同一個核心上執行，處理器可能會在程序之間來回切換，當某一個程序執行時，會暫時停止另一程序的執行。

一個程序也可以產生執行緒，而不是一直增大程序。執行緒就像一個程序，只不過它會和它所屬的程序共享記憶體空間。一個程序可以有多個執行緒，每個執行緒都有自己的指令指標。程序執行時的所有相關屬性也適用於執行緒。因為它們共享記憶體空間，所以很容易在執行緒間共享程式碼和其他的值，這使得它們在為程式添加並行性這方面比程序更有價值，但要付出的代價是程式設計的一些複雜性，我們將在本書的後面介紹這部份。

利用執行緒的一種典型方法，是將 CPU 密集型工作（如數學運算）卸載到附加的執行緒或執行緒池（pool）上，而主執行緒可以透過在一無窮迴圈中檢查新的互動，來自由的與使用者或其他程式進行外部互動。許多經典的 web 伺服器程式，例如 Apache，都使用這樣的系統來處理大量的 HTTP 請求（request）。這最終可能看起來類似於圖 1-1。在這個模型中，HTTP 請求資料被傳遞給一個 worker 執行緒進行處理，當回應（response）就緒時，它會被傳遞回主執行緒以傳回給使用者代理人（agent）。

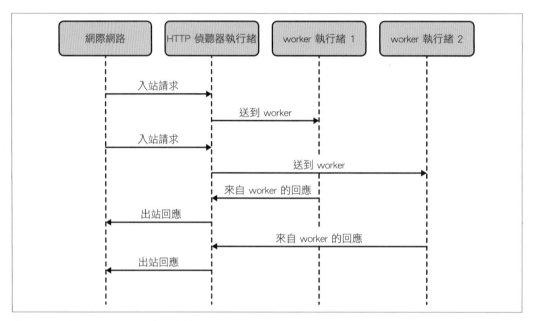

圖 1-1　可能在 HTTP 伺服器中使用的 worker 執行緒

執行緒要能有用，需要能夠互相協調。這意味著它們必須能夠做一些事情，像是等待在其他執行緒上發生的事情，還有從它們那裡獲取資料。正如我們所討論過的，在執行緒之間有一個共享的記憶體空間，並且使用其他一些基本原語（primitive），我們可以建構能夠在執行緒之間傳遞訊息的系統。在許多案例中，會在語言或平台層級上提供這些類型的構造。

並行性 vs. 平行性

區分並行性和平行性是很重要的,因為在以多執行緒方式進行程式設計時,它們會經常出現。兩者是密切相關的術語,在某些情況下,它們可能會意指非常相似的事物。讓我們從一些定義開始。

並行性

　　任務在重疊的時間內執行。

平行性

　　任務在完全相同的時間執行。

雖然它們似乎指同一件事,但請考慮將任務分解為更小的部分然後交錯執行。在這種情況下,我們可以在不具有平行性的情況下達成並行,因為任務執行的時間範圍可以重疊。對於平行執行的任務而言,它們必須在完全相同的時間執行。一般而言,意思是它們必須同時在不同的 CPU 核心上執行。

請看一下圖 1-2。在此圖中,我們有兩個平行和並行執行的任務。在並行的情況下,在給定時間上只有一個任務正在執行,但在整個期間,會在兩個任務之間切換執行。這代表著它們是在重疊的時間內執行,因此符合並行的定義;在平行的情況下,兩個任務會同時執行,因此它們是平行執行的。由於它們也在重疊的時間段內執行,因此它們也是並行執行。平行是並行的子集合。

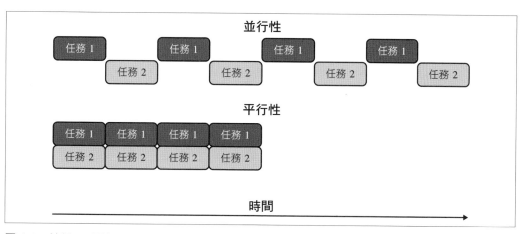

圖 1-2　並行 vs. 平行

執行緒不會自動提供平行性。系統硬體必須具有多個 CPU 核心才能實現這一點，而且作業系統排程器也必須決定要在不同的 CPU 核心上執行這些執行緒才行。在單核心系統上，或正在執行的執行緒數量多於 CPU 核心的系統上，多個執行緒可以透過在適當的時間，在它們之間進行切換來在單 CPU 上並行執行。此外，在 Ruby 和 Python 等具有 GIL 的語言中，執行緒被明確禁止提供平行性，因為在整個執行時間內，一次只能執行一個指令。

在考慮時間時這一點也很重要，因為在程式中添加執行緒通常是為了提高效能。如果您的系統是因為只有一個 CPU 核心可用，或已經載入了其他任務而只允許並行的話，那麼使用額外的執行緒可能不會有明顯的好處。事實上，執行緒之間同步（synchronization）和內容交換（context-switching）的額外負擔最終可能會使程式的效能變得更差。永遠要在應用程式所預期執行的條件下測量應用程式的效能，這樣您就可以驗證多執行緒程式設計模型是否真的對您有益。

單執行緒 JavaScript

歷史上，執行 JavaScript 的平台不提供任何執行緒的支援，因此該語言被認為是單執行緒的。當你聽到有人說 JavaScript 是單執行緒的，他們指的是這個歷史背景和它自然而然的程式設計風格。確實，儘管本書的標題是如此，但該語言本身並沒有任何內建功能來建立執行緒。這並不足為奇，因為它也沒有任何內建功能來與網路、裝置或檔案系統進行互動，或進行任何系統呼叫。事實上，即使像 setTimeout() 這樣的基本函數實際上也不是 JavaScript 的功能。相反的，虛擬機器（virtual machine, VM）嵌入的環境（例如 Node.js 或瀏覽器），會透過特定於環境的 API 來提供這些功能。

大多數 JavaScript 程式碼並不以執行緒作為並行原語（primitive），而是以運作在單執行緒上的事件導向（event-oriented）方式編寫。當使用者互動或 I/O 等各種事件發生時，它們會引發那些在之前設定為會在這些事件上執行的函數的執行。這些函數通常稱為回呼（callback），是 Node.js 和瀏覽器中非同步程式設計的核心。即使在 promise 或 async/await 語法中，回呼也是其底層原語。重要的是要認知到回呼並不是平行執行的，也不是與任何其他程式碼一起執行的；當回呼中的程式碼正在執行時，這會是當前正在執行的唯一程式碼。換句話說，在任何給定時間上只有一個呼叫堆疊（call stack）是活動的。

我們通常很容易認為運算是平行的，然而實際上它們是並行的。例如，假設您要開啟三個包含數字的檔案，分別命名為 *1.txt*、*2.txt* 和 *3.txt*，然後將結果相加並列印出來。在 Node.js 中，您可能會執行類似於範例 1-3 的操作。

範例 *1-3 在 Node.js* 中同時讀取檔案

```
import fs from 'fs/promises';

async function getNum(filename) {
  return parseInt(await fs.readFile(filename, 'utf8'), 10);
}

try {
  const numberPromises = [1, 2, 3].map(i =>=>getNum(`${i}.txt`));
  const numbers = await Promise.all(numberPromises);
  console.log(numbers[0] + numbers[1] + numbers[2]);
} catch (err) {
  console.error('Something went wrong:');
  console.error(err);
}
```

要執行此程式碼，請將其儲存在名為 *reader.js* 的檔案中，確保您有名稱為 *1.txt*、*2.txt* 和 *3.txt* 的文本檔案，而且每個檔案都包含了整數，然後使用 `node reader.js` 來執行程式。

由於我們使用了 `Promise.all()`，我們會等待全部的三個檔案都被讀取和解析。如果您稍微瞇一下眼，它甚至可能看起來像是本章稍後 C 範例中的 `pthread_join()`。然而，只因 promise 被一起建立並且一起等待，並不代表解決它們的程式碼會同時執行，而只是意味著它們的時間框是重疊的——仍然只有一個指令指標，而且一次只有一個指令正在執行。

在沒有執行緒的情況下，只有一個 JavaScript 環境可以使用。這意味著只有一個 VM 實例、一個指令指標和一個垃圾收集器（garbage collector）實例。只有一個指令指標的意思是 JavaScript 解譯器在任何給定時間上只能執行一個指令。但這並不意味著我們受限於只有一個全域物件。在瀏覽器和 Node.js 中，我們都可以使用領域（realm）（*https://oreil.ly/uy7E2*）。

領域可以被認為是提供給 JavaScript 程式碼的 JavaScript 環境實例，意指每個領域都有自己的全域物件，以及全域物件的所有相關屬性，例如 `Date` 等內建類別和 `Math` 等其他物件。全域物件在 Node.js 中稱為 `global`，在瀏覽器中稱為 `window`，但在兩者的現代版本中，您可以將全域物件稱為 `globalThis`。

在瀏覽器中，網頁中的每個框架（frame）都有一個適用於裏面所有 JavaScript 的領域。因為每個框架裏面都有自己的 Object 副本和其他的原語，您會注意到它們有自己的繼承樹，而且 instanceof 在對來自不同領域的物件進行操作時，可能不會像您所期望的那樣工作。範例 1-4 對此進行了展示。

範例 *1-4* 來自瀏覽器中不同框架的物件

```
const iframe = document.createElement('iframe');
document.body.appendChild(iframe);
const FrameObject = iframe.contentWindow.Object; ❶

console.log(Object === FrameObject); ❷
console.log(new Object() instanceof FrameObject); ❸
console.log(FrameObject.name); ❹
```

❶ iframe 內的全域物件可以透過 contentWindow 屬性來存取。

❷ 這會傳回 false，所以框架內的 Object 與主框架內的物件不同。

❸ instanceof 的賦值結果為 false，正如我們所預期的一樣，因為它們不是同一個 Object。

❹ 儘管如此，建構子函數（constructor）擁有相同的 name 屬性。

在 Node.js 中，可以使用 vm.createContext() 函數來建構領域，如範例 1-5 所示。在 Node.js 中，領域被稱為 Context。適用於瀏覽器框架的同樣規則和屬性也適用於 Context，但在 Context 中，您無權存取任何全域屬性或任何其他可能在 Node.js 檔案範疇（scope）內的內容；如果要使用這些功能，則需要手動將它們傳入 Context。

範例 *1-5 Node.js* 中來自新 *Context* 的物件

```
const vm = require('vm');
const ContextObject = vm.runInNewContext('Object'); ❶

console.log(Object === ContextObject); ❷
console.log(new Object() instanceof ContextObject); ❸
console.log(ContextObject.name); ❹
```

❶ 我們可以使用 runInNewContext 從新的 context 中獲取物件。

❷ 這將傳回 false，因為對於瀏覽器的 iframe 來說，Context 中的物件與主 Context 中的物件不同。

❸ 同樣的，instanceof 的賦值結果為 false。

❹ 再一次，建構子函數具有相同的 name 屬性。

在任何一種領域的情況下,注意到我們仍然只有一個指令指標是很重要的,並且一次只有一個領域的程式碼在執行,因為我們目前仍然只在討論單執行緒的執行。

隱藏執行緒

雖然您的 JavaScript 程式碼,至少在預設情況下,可能會在單執行緒環境中執行,但這並不代表執行您的程式碼的程序也會是單執行緒的。事實上,可能會使用許多執行緒來使該程式碼平穩且有效率的執行。常常有人誤會 Node.js 是一個單執行緒程序。

像 V8 這樣的現代 JavaScript 引擎使用分別的執行緒來處理垃圾收集,和其他不需要在 JavaScript 執行中發生的功能。此外,平台執行環境本身,也可能會使用額外的執行緒來提供其他功能。

在 Node.js 中,libuv 被用作是與 OS 無關的非同步 I/O 介面,此外由於並非所有由系統提供的 I/O 介面都是非同步的,因此它使用一個 worker 執行緒池,來避免在使用其他阻擋式(blocking)API 時阻擋了程式碼,例如檔案系統 API。預設情況下,會生成四個執行緒,但此數量可透過 UV_THREADPOOL_SIZE 環境變數進行配置,最多可達 1,024。

在 Linux 系統上,您可以透過在給定程序上使用 top -H 來查看這些額外的執行緒。在範例 1-6 中,啟動了一個簡單的 Node.js web 伺服器,並記錄了 PID 並將其傳遞給 top。您可以看到各種 V8 和 libuv 執行緒加總後,有多達七個執行緒,包括執行 JavaScript 程式碼的執行緒。您可以用自己的 Node.js 程式試試看,甚至可以嘗試改變 UV_THREADPOOL_SIZE 環境變數來查看執行緒的數量變化。

範例 1-6 top 的輸出,顯示 Node.js 程序中的執行緒

```
$ top -H -p 81862
top - 14:18:49 up 1 day, 23:18,  1 user,  load average: 0.59, 0.82, 0.83
Threads:   7 total,   0 running,   7 sleeping,   0 stopped,   0 zombie
%Cpu(s):  2.2 us,  0.0 sy,  0.0 ni, 97.8 id,  0.0 wa,  0.0 hi,  0.0 si,  0.0 st
MiB Mem :  15455.1 total,   2727.9 free,   5520.4 used,   7206.8 buff/cache
MiB Swap:   2048.0 total,   2048.0 free,      0.0 used.   8717.3 avail Mem

    PID USER      PR  NI    VIRT    RES    SHR S  %CPU  %MEM     TIME+ COMMAND
  81862 bengl     20   0  577084  29272  25064 S   0.0   0.2   0:00.03 node
  81863 bengl     20   0  577084  29272  25064 S   0.0   0.2   0:00.00 node
  81864 bengl     20   0  577084  29272  25064 S   0.0   0.2   0:00.00 node
  81865 bengl     20   0  577084  29272  25064 S   0.0   0.2   0:00.00 node
  81866 bengl     20   0  577084  29272  25064 S   0.0   0.2   0:00.00 node
  81867 bengl     20   0  577084  29272  25064 S   0.0   0.2   0:00.00 node
  81868 bengl     20   0  577084  29272  25064 S   0.0   0.2   0:00.00 node
```

瀏覽器同樣的會在用來執行 JavaScript 的執行緒之外的執行緒中執行許多任務，例如檔案物件模型（Document Object Model, DOM）渲染。像我們對 Node.js 所做的那樣使用 `top -H` 進行的實驗會產生相似的少量執行緒。現代瀏覽器透過使用多個程序以隔離方式添加安全層來進一步實現這一點。

在為您的應用程式進行資源規劃練習時，考慮這些額外的執行緒很重要。您永遠不應該只因為 JavaScript 是單執行緒的，就假設您的 JavaScript 應用程式也只會使用一個執行緒。例如，在產出版本的 Node.js 應用程式中，應該要測量應用程式使用的執行緒數量，並相對應地進行規劃。別忘了 Node.js 生態系統中的許多原生附加功能，也會產生自己的執行緒，所以在逐應用程式（application-by-application）的基礎上完成這個練習很重要。

C 的執行緒：透過 Happycoin 致富

執行緒顯然不是 JavaScript 所獨有的，它們是作業系統等級的一個長期概念，獨立於語言之外。讓我們探討一下執行緒程式在 C 中的樣子。在這裏 C 是一個明顯的選擇，因為 C 語言的執行緒介面是其他多數高階語言執行緒實作的基礎，即使看起來有不同的語意。

讓我們從一個範例開始。想像一個名為 Happycoin 的簡單且不切實際的加密貨幣的工作量證明（proof-of-work）演算法，如下所示：

1. 產生一個隨機的無正負號（unsigned）64 位元整數。

2. 判斷整數是否是快樂的。

3. 如果不快樂，它就不是 Happycoin。

4. 如果不能被 10,000 整除，它就不是 Happycoin。

5. 否則，它是一個 Happycoin。

如果一個數字在用組成它的阿拉伯數字平方和替換它時最終會變為 1，並且循環直到 1 出現或之前看過的數字出現時，那麼它就是快樂的。維基百科對其進行了清楚的定義（*https://oreil.ly/vRr3P*）並指出說，如果任何先前看到的數字出現時，則將出現 4，反之亦然。您可能會注意到我們的演算法其實不用那麼昂貴，因為我們可以在檢查快樂度之前檢查是否可整除。但我們是故意的，因為我們試圖要展現繁重的工作量。

讓我們建構一個簡單的 C 程式，該程式會執行工作量證明演算法 10,000,000 次，並且列印出所找到的任何 Happycoin 以及它們的計數。

在此處的編譯步驟中的 cc 可以換成 gcc 或 clang，取決於您可以使用哪個。在大多數系統上，cc 是 gcc 或 clang 的別名，所以它就是我們會在這裡使用的。

Windows 使用者可能需要在這裡做一些額外的工作才能在 Visual Studio 中執行此操作，並且執行緒範例在 Windows 上無法開箱即用，因為它使用可攜作業系統介面（Portable Operating System Interface, POSIX）執行緒而不是 Windows 執行緒，兩者是不同的。為了簡化在 Windows 上的嘗試，建議使用適用於 Linux 的 Windows 子系統（Windows Subsystem for Linux），以便您擁有與 POSIX 相容的環境。

只有主執行緒

在名為 *ch1-c-threads/* 的目錄中建立一個名為 *happycoin.c* 的檔案。我們將在本節的過程中建構此檔案的內容。首先，添加如範例 1-7 所示的程式碼。

範例 *1-7 ch1-c-threads/happycoin.c*

```c
#include<inttypes.h>
#include<stdbool.h>
#include<stdio.h>
#include<stdlib.h>
#include<time.h>

uint64_t random64(uint32_t * seed) {
  uint64_t result;
  uint8_t * result8 = (uint8_t *)&result; ❶
  for (size_t i = 0; i< sizeof(result); i++) {
    result8[i] = rand_r(seed);
  }
  return result;
}
```

❶ 這一行使用了指標，如果您主要來自 JavaScript 背景，您可能不太熟悉指標。把這裡所發生的事情長話短說不是是：result8 是一個由 8 個 8 位元無正負號整數組成的陣列，由與 result 相同的記憶體所支援，而 result 是一個 64 位元無正負號整數。

我們添加了一堆 includes，它們為我們提供了一些方便的東西，例如型別（type）、I/O 函數，以及我們即將用到的時間和亂數函數。由於該演算法需要產生一個隨機的 64 位元無正負號整數（即 uint64_t），我們需要 8 個隨機位元組，它們會由 random64() 透過呼叫 rand_r() 來提供給我們，直到我們有了足夠的位元組。由於 rand_r() 還需要對種子的參照，因此我們也會將其傳遞給 random64()。

現在讓我們添加我們的快樂數字計算過程，如範例 1-8 所示。

範例 *1-8 ch1-c-threads/happycoin.c*

```c
uint64_t sum_digits_squared(uint64_t num) {
  uint64_t total = 0;
  while (num >0) {
    uint64_t num_mod_base = num % 10;
    total += num_mod_base * num_mod_base;
    num = num / 10;
  }
  return total;
}

bool is_happy(uint64_t num) {
  while (num != 1 && num != 4) {
    num = sum_digits_squared(num);
  }
  return num == 1;
}

bool is_happycoin(uint64_t num) {
  return is_happy(num) && num % 10000 == 0;
}
```

為了取得 `sum_digits_squared` 中數字的平方和，我們使用 mod 運算子 `%` 從右到左來取得每個數字，再將其平方，而後再加到我們的總數中。然後我們在 `is_happy` 中的迴圈裏使用這個函數，當數字為 1 或 4 時停止。我們會在 1 的時候停止，因為這指出數字是快樂的。我們也會在 4 的時候停止，因為這指出我們已經陷入永遠不會停在 1 的無窮迴圈。最後，在 `is_happycoin()` 中，我們會檢查一個數字是否是快樂的並且是否可以被 10,000 整除。

我們把這一切都包含在 `main()` 函數中，如範例 1-9 所示。

範例 *1-9 ch1-c-threads/happycoin.c*

```c
int main() {
  uint32_t seed = time(NULL);
  int count = 0;
  for (int i = 1; i< 10000000; i++) {
    uint64_t random_num = random64(&seed);
    if (is_happycoin(random_num)) {
      printf("%" PRIu64 " ", random_num);
      count++;
    }
  }
```

```
  printf("\ncount %d\n", count);
  return 0;
}
```

首先，我們需要一個亂數產生器的種子。目前的時間和任何其他種子都一樣合適，因此我們將透過 `time()` 來使用它。然後，我們將循環 10,000,000 次，首先從 `random64()` 中取得一個亂數，然後檢查它是否是 Happycoin。如果是的話，我們將遞增計數並把數字列印出來。`printf()` 呼叫中奇怪的 `PRIu64` 語法，對於要能正確列印 64 位元無正負號整數是必要的。當迴圈完成時，我們會列印計數並退出程式。

要編譯和執行此程式，請在 *ch1-c-threads* 目錄中使用以下命令。

```
$ cc -o happycoin happycoin.c
$ ./happycoin
```

您將在第一行中得到一份被找到的 Happycoin 列表，並在下一行取得它們的計數。對於某次的程式執行，它可能如下所示：

```
11023541197304510000 ...  [ 167 more entries ] ... 7705413983788840000
count 169
```

執行這個程式需要很長的時間；在一般電腦上要花上大約 2 秒。在這種情況下，執行緒可以用來加快速度，因為相同的大型數學運算會執行許多次的迭代。

讓我們繼續將此範例轉換為多執行緒程式。

四個 worker 執行緒

我們將設置四個執行緒，每個執行緒將執行迴圈的四分之一迭代，此迴圈會產生一個亂數並測試它是否是 Happycoin。

在 POSIX C 中，執行緒由 `pthread_*` 函數家族來管理。`pthread_create()` 是用於建立執行緒，傳入的函數將在該執行緒上執行。程式流在主執行緒上繼續執行。程式可以透過呼叫 `pthread_join()` 來等待執行緒完成。您可以透過 `pthread_create()` 將參數傳遞給在執行緒上執行的函數，並從 `pthread_join()` 取得傳回值。

在我們的程式中，我們將在名為 `get_happycoins()` 的函數中獨立出 Happycoin 的產生過程，而這就是會在我們的執行緒中執行的東西。我們將建立四個執行緒，然後立即等待它們完成。每當從執行緒得到結果時，我們會將它們輸出並儲存計數值，以便可以在最後列印總數。為了幫忙將結果傳回來，我們將建立一個名為 `happy_result` 的簡單 `struct`。

複製您現有的 *happycoin.c* 並將其命名為 happycoin-threads.c。然後在新檔案中，將範例 1-10 中的程式碼插入檔案裏的最後一個 #include 之後。

範例 *1-10 ch1-c-threads/happycoin-threads.c*

```
#include<pthread.h>

struct happy_result {
  size_t count;
  uint64_t * nums;
};
```

第一行引入（include） pthread.h，它讓可以存取我們需要的各種執行緒函數。然後定義 struct happy_result，稍後將使用它作為我們的執行緒函數 get_happycoins() 的傳回值。它會儲存一個由找到的 happycoin 所構成的陣列，此處會以一個指標來表達此陣列，也會儲存這些 happycoin 的計數。

現在，去把整個 main() 函數刪除吧，因為我們將要換掉它。首先，讓我們在範例 1-11 中添加 get_happycoins() 函數，這是將在我們的 worker 執行緒上執行的程式碼。

範例 *1-11 ch1-c-threads/happycoin-threads.c*

```
void * get_happycoins(void * arg) {
  int attempts = *(int *)arg; ❶
  int limit = attempts/10000;
  uint32_t seed = time(NULL);
  uint64_t * nums = malloc(limit * sizeof(uint64_t));
  struct happy_result * result = malloc(sizeof(struct happy_result));
  result->nums = nums;
  result->count = 0;
  for (int i = 1; i< attempts; i++) {
    if (result->count == limit) {
      break;
    }
    uint64_t random_num = random64(&seed);
    if (is_happycoin(random_num)) {
      result->nums[result->count++] = random_num;
    }
  }
  return (void *)result;
}
```

❶ 這個奇怪的指標鑄型（cast）基本上是說「把這個任意指標當作是一個指向 int 的指標，然後幫我取得那個 int 的值。」

您會注意到這個函數接受一個 void * 並傳回一個 void *。這就是 pthread_create() 所期望的函數簽名（signature），所以在此並無其他選擇。這意味著必須將我們的引數（argument）鑄型為我們希望它們成為的樣子。我們將傳遞嘗試的次數，因此將引數鑄型為 int。然後，我們將像在前面的例子中一樣設定種子，但這次它會發生在我們的執行緒函數中，所以每個執行緒都會得到一個不同的種子。

在為我們的陣列和 struct happy_result 配置足夠的空間後，繼續進行與單執行緒範例中的 main() 相同的迴圈，只是這次將結果放入 struct 中而不是列印它們。迴圈完成後，將 struct 以指標方式傳回，我們會將其鑄型為 void * 以滿足函數簽名。這就是將資訊傳遞回主執行緒的方式，而這將會是有意義的。

這展示了我們無法從程序中取得的執行緒的關鍵屬性之一，也就是共享記憶體空間。例如，如果我們使用程序而不是執行緒，並使用一些*程序間通訊*（*interprocess communication, IPC*）機制將結果傳回的話，我們將無法簡單的將記憶體位址傳回主程序，因為主程序無法存取 worker 程序的記憶體。多虧了虛擬記憶體（virtual memory），記憶體位址可能會參照完全在主程序中的其他內容。我們必須透過 IPC 通道將整個值傳回，而不是只傳遞指標，這會造成額外的效能負擔。但因為我們是使用執行緒而不是程序，所以可以只使用指標，這樣主執行緒就可以同樣使用它。

不過，共享記憶體並非毋需進行取捨。在我們的例子中，worker 執行緒不需要使用它現在傳遞給主執行緒的記憶體。不過執行緒並非總是如此。在很多情況下，我們需要正確的管理執行緒如何透過同步（synchronization）來存取共享記憶體；否則可能會出現一些不可預測的結果。我們將在第四章和第五章詳細介紹它在 JavaScript 中的工作原理。

現在，讓我們用範例 1-12 中的 main() 函數來總結一下。

範例 *1-12 ch1-c-threads/happycoin-threads.c*

```
#define THREAD_COUNT 4

int main() {
  pthread_t thread [THREAD_COUNT];

  int attempts = 10000000/THREAD_COUNT;
  int count = 0;
  for (int i = 0; i< THREAD_COUNT; i++) {
    pthread_create(&thread[i], NULL, get_happycoins, &attempts);
  }
  for (int j = 0; j< THREAD_COUNT; j++) {
    struct happy_result * result;
    pthread_join(thread[j], (void **)&result);
```

```
    count += result->count;
    for (int k = 0; k< result->count; k++) {
      printf("%" PRIu64 " ", result->nums[k]);
    }
  }
  printf("\ncount %d\n", count);
  return 0;
}
```

首先，我們將我們的四個執行緒宣告為堆疊上的一個陣列。然後，我們將所需的嘗試次數（10,000,000）除以執行緒數量。這是將作為引數傳遞給 get_happycoins() 的內容，我們在第一個迴圈中看到它，此迴圈使用 pthread_create() 建立每個執行緒，並將每個執行緒的嘗試次數作為引數傳遞。在下一個迴圈中，我們使用 pthread_join() 來等待每個執行緒完成它們的執行。然後我們可以列印所有執行緒的結果和總數，就像我們在單執行緒範例中所做的那樣。

 這個程式會洩漏記憶體。C 和其他一些語言中的多執行緒程式設計的一個難處是，很容易忘記記憶體分配的位置和時間，以及應該在何處和何時釋放記憶體。看看您是否可以修改此處的程式碼以確保程式退出時會釋放所有從堆積（heap）配置的記憶體。

更改完成後，您可以在 *ch1-c-threads* 目錄中使用以下命令編譯和執行此程式。

```
$ cc -pthread -o happycoin-threads happycoin-threads.c
$ ./happycoin-threads
```

輸出看起來會像這樣子：

```
2466431682927540000 ... [ 154 more entries ] ... 15764177621931310000
count 156
```

您會注意到與單執行緒範例類似的輸出，[1] 您還會注意到它會更快一些。在一般電腦上，它會在大約 0.8 秒內完成。這並沒有快四倍，因為主執行緒包含了一些初始化的額外負擔，還有列印結果的成本。我們可以在正在執行工作的那個執行緒準備好結果時立即列印結果，但是如果我們這樣做，結果可能會在輸出中相互破壞，因為沒有什麼方法可以阻止兩個執行緒同時列印到輸出流。透過將結果送出到主執行緒，我們可以在那裡協調結果的列印，以使輸出結果不會被弄亂。

---

[1] 多執行緒範例的總計數與單執行緒範例的不同的這一個事實是無關緊要的，因為計數取決於有多少亂數恰好是 Happycoin。兩次不同的執行結果將會完全不同。

這說明了執行緒程式碼的主要優點和一個缺點。一方面，它對於拆分計算量大的任務很有用，以便它們可以平行執行；另一方面，我們需要確保某些事件能夠正確的同步，以免發生奇怪的錯誤。在使用任何語言在程式碼中添加執行緒時，確保適當的使用方式是值得的。此外，和其他任何想要製作更快程式的練習一樣，總是要進行測量。如果結果證明不會給您帶來任何實際上的好處，那麼您不會希望在您的應用程式中添加了執行緒程式碼的複雜性。

任何支援執行緒的程式語言都會提供一些機制來建立和銷毀執行緒、在執行緒之間傳遞訊息、以及與執行緒之間共享的資料進行互動。這些機制在每種語言中看起來可能並不相同，因為語言及其範式（paradigm）不同，它們的平行程式設計的程式模型也會不同。既然我們已經探索了像 C 這樣的低階語言中的執行緒程式的樣子，讓我們也深入研究 JavaScript。事情看起來會有點不同，但正如您將看到的，原則其實是一樣的。

瀏覽器

JavaScript 並不像大多數其他程式語言那樣有單一的、訂製的實作版本。例如,使用 Python,您可能會執行語言維護者所提供的 Python 二進位檔案。另一方面,JavaScript 有許多不同的實作版本。其中包含不同的網路瀏覽器所提供的 JavaScript 引擎,例如 Chrome 中的 V8、Firefox 中的 SpiderMonkey、以及 Safari 中的 JavaScriptCore。伺服器上的 Node.js 也使用 V8 引擎。

這些不同的實作版本都從實作 ECMAScript 規範的一些相容品開始。正如我們經常需要查閱的相容性圖表(compatibility chart)所呈現的,並非每個引擎都以相同的方式實作 JavaScript。當然,瀏覽器供應商試圖以相同的方式實作 JavaScript 功能,但確實還是會發生錯誤。在語言層級上,已經有一些並行原語可以使用,在第四章和第五章中會有更詳細的介紹。

每個實作版本中還添加了其他 API,以使可以執行的 JavaScript 更為強大。本章完全關注在現代的 web 瀏覽器所提供的多執行緒 API,其中最容易上手的是 web worker。

使用這些 worker 執行緒有很多好處,但它們特別適用於瀏覽器的一個原因是,透過將 CPU 密集型工作卸載到單獨的執行緒,主執行緒便能夠將更多資源用於渲染 UI。這有助於達成比傳統上更流暢、更對使用者友善的體驗。

專用 worker

web worker 允許您產生成一個新環境來執行 JavaScript。以這種方式執行的 JavaScript 可以與產生它的 JavaScript 在不同的執行緒中執行。透過使用稱為訊息傳遞（*message passing*）的樣式可以在這兩個環境之間進行通訊。回想一下，單執行緒是 JavaScript 的本質。web worker 善用了這種本質，並透過觸發那些會在事件迴圈中執行的函數來揭露訊息傳遞。

JavaScript 環境可能會產生多個 web worker，一個給定的 web worker 可以任意的產生更多的 web worker；也就是說，如果您發現自己產生了大量的 web worker 階層，您可能需要重新評估您的應用程式。

有不止一種類型的 web worker，其中最簡單的是專用（dedicated）worker。

專用 worker 的 Hello World

學習新技術的最好方法就是實際使用它。您正在建構的網頁和 worker 執行緒之間的關係如圖 2-1 所示。在這種情況下，您將只會建立一個 worker，但也可以建立 worker 的階層。

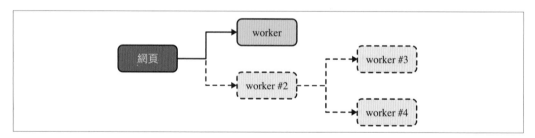

圖 2-1　專用 worker 的關係

首先，建立一個名為 *ch2-web-workers/* 的目錄。您將在其中保存此專案所需的三個範例檔案。接下來，在目錄中建立一個 *index.html* 檔案。在瀏覽器中執行的 JavaScript 需要先被網頁載入，這個檔案代表了那個網頁的基礎。將範例 2-1 中的內容添加到此檔案中以開始工作。

範例 *2-1 ch2-web-workers/index.html*

```html
<html>
 <head>
   <title>Web Workers Hello World</title>
   <script src="main.js"></script>
 </head>
</html>
```

正如您所見，此檔案超級基本的。它所做的只是設定一個標題，並載入一個名為 *main. js* 的 JavaScript 檔案。本章的其餘部分會遵循類似的樣式。更有趣的部分是 *main.js* 檔案中的內容。

事實上，請現在就建立 *main.js* 檔案，並將範例 2-2 中的內容添加到裏面。

範例 *2-2 ch2-web-workers/main.js*

```js
console.log('hello from main.js');

const worker = new Worker('worker.js'); ❶

worker.onmessage = (msg) => { ❷
  console.log('message received from worker', msg.data);
};

worker.postMessage('message sent to worker'); ❸
console.log('hello from end of main.js');
```

❶ 實例化一個新的專用 worker。

❷ 將訊息處理程式（handler）附加在 worker 上。

❸ 訊息傳遞給 worker。

此檔案中發生的第一件事是呼叫 `console.log()`。這是為了讓檔案執行的順序更明確。接下來發生的事情是實例化（instantiate）一個新的專用 worker。這是透過呼叫 `new Worker(filename)` 來完成的。一旦被呼叫後，JavaScript 引擎就會在背景中開始下載（或快取查找（cache lookup））適當的檔案。

接下來，將 `message` 事件的處理程式附加到 worker 執行緒。這是透過為專用 worker 的 `.onmessage` 屬性指派一個函數來完成的。當收到訊息時，該函數將被呼叫。提供給函數的引數是 `MessageEvent` 的一個實例。它帶有一堆屬性，但其中最有趣的是 `.data` 屬性。這代表從專用 worker 傳回的物件。

最後是呼叫專用 worker 的 .postMessage() 方法。這就是將專用 worker 實例化的 JavaScript 環境與專用 worker 通訊的方式。在目前情況下，會將基本字串傳遞給專用 worker 執行緒。可以傳入什麼樣的資料到這個方法是受到限制的；請參閱附錄，結構化複製演算法（*Structured Clone Algorithm*）以獲得更多詳細資訊。

現在您的 JavaScript 主檔案已完成，您已準備好建立將在專用 worker 中執行的檔案。請建立一個名為 *worker.js* 的新檔案，並將範例 2-3 的內容添加到裏面。

範例 *2-3 ch2-web-workers/worker.js*

```
console.log('hello from worker.js');

self.onmessage = (msg) => {
  console.log('message from main', msg.data);

  postMessage('message sent from worker');
};
```

在此檔案中，定義了一個名為 onmessage 的全域函數，並指派了一個函數給它。當從專用 worker 外部呼叫 worker.postMessage() 方法時，會呼叫專用 worker 內部的這個 onmessage 函數。這個指派也可以寫成 onmessage = 甚至是 var onmessage =，但是使用 const onmessage = 或 let onmessage = 甚至宣告 function onmessage 都不會起作用。self 標識符（identifier）是 web worker 中的 globalThis 的別名，在裏面我們無法使用熟悉的 window。

在 onmessage 函數內部，程式碼首先列印從專用 worker 執行緒外部接收到的訊息。之後，它呼叫 postMessage() 全域函數。此方法接受一個引數，然後透過觸發專用 worker 的 onmessage() 方法，將該引數提供給進行呼叫的環境。關於訊息傳遞和物件複製的相同規則也適用於此處。同樣的，此範例目前僅使用一個簡單的字串。

在載入專用 worker 的腳本檔案時，還有一些額外的規則。載入的檔案必須與執行 JavaScript 的主環境來自同一個來源。此外，當使用 file:// 協定執行 JavaScript 時，瀏覽器將不允許您執行專用 worker，這是一種告訴您不能只是簡單地雙擊 *index.html* 檔案就看到應用程式在執行的的奇妙方式。相反的，您需要從 web 伺服器執行您的應用程式。幸運的是，如果您最近安裝了 Node.js，您可以執行以下命令在本地端啟動一個非常基本的 web 伺服器：

```
$ npx serve .
```

執行後，此命令會啟動一個伺服器，該伺服器會託管來自本地端檔案系統的檔案。它還顯示了伺服器可用的 URL。假設連接埠 (port) 是可用的，該命令通常會輸出以下的 URL：

```
http://localhost:5000
```

複製上面命令提供給您的任何 URL 並使用 web 瀏覽器打開它。當網頁首次開啟時，您很可能會看到一個普通的白色螢幕。但這並不是問題，因為所有輸出都是顯示在 web 開發人員控制台中。不同的瀏覽器會以不同的方式讓控制台可用，但通常您可以在網頁背景的某處單擊右鍵並單擊「檢查 (Inspect)」功能表選項，或者您可以按 Ctrl+Shift+I（或 Cmd-Shift-I）來打開檢查器。進入檢查器後，單擊「控制台（Console）」頁籤（tab），然後刷新網頁，以防止遺漏任何控制台訊息。完成後，您應該會看到表 2-1 中顯示的訊息。

表 2-1　控制台輸出範例

日誌	位置
hello from main.js	main.js:1:9
hello from end of main.js	main.js:11:9
hello from worker.js	worker.js:1:9
message from main, message sent to worker	worker.js:4:11
message received from worker, message sent from worker	main.js:6:11

此輸出確認了訊息的執行順序，儘管它不是完全確定的。首先，載入 *main.js* 檔案，並列印其輸出。worker 被實例化以及配置，它的 `postMessage()` 方法被呼叫，然後最後一則訊息也被列印出來；接下來，執行 *worker.js* 檔案，並呼叫其訊息處理程式，列印一則訊息。然後它呼叫 `postMessage()` 將訊息送回 `main.js`。最後，在 *main.js* 中呼叫專用 worker 的 `onmessage` 處理程式，並列印最後的訊息。

進階專用 Worker 用法

現在您已經熟悉專用 worker 基礎知識，您已準備好使用一些更複雜的功能了。

當您使用不涉及專用 worker 的 JavaScript 時，您最終載入的所有程式碼都可以在同一領域中使用。載入新的 JavaScript 程式碼，可以透過載入帶有 `<script>` 標記（tag）的腳本來完成，也可以透過發出 XHR 請求並使用 `eval()` 函數，以及用來表達程式碼的字串來完成。當涉及到專用 worker 時，您不能將 `<script>` 標記注入到 DOM 中，因為沒有與 worker 關聯的 DOM。

相反的，您可以使用 `importScripts()` 函數，這是一個僅在 web worker 中可用的全域函數。此函數接受一個或多個引數，它們代表著要載入的腳本的路徑。這些腳本將從與網頁相同的來源載入。這些腳本以同步方式載入，因此函數呼叫之後的程式碼，會在腳本載入後才執行。

`Worker` 的實例繼承自 `EventTarget`，並具有一些處理事件的泛用方法。但是，`Worker` 類別提供了實例上最重要的方法。以下是這些方法的列表，其中有一些您已經使用過，另一些則是新的：

`worker.postMessage(msg)`

這會在呼叫 `self.onmessage` 函數之前，向事件迴圈所處理的 worker 發送一則訊息，以 `msg` 傳入。

`worker.onmessage`

如果已指派，則會在呼叫 worker 中的 `self.postMessage` 函數時依次呼叫它。

`worker.onerror`

如果已指派，則在 worker 內部拋出錯誤時呼叫它。其會提供一個 `ErrorEvent` 引數，具有 `.colno`、`.lineno`、`.filename`，和 `.message` 屬性。除非您呼叫 `err.preventDefault()`，否則此錯誤會浮現出來。

`worker.onmessageerror`

如果已指派，則在 worker 收到無法反序列化（deserialize）的訊息時呼叫此方法。

`worker.terminate()`

如果被呼叫時，worker 會立即終止。其後對 `worker.postMessage()` 的呼叫將默默地失敗。

在專用 worker 內部，全域的 `self` 變數是 `WorkerGlobalScope` 的一個實例。最值得注意的新增功能，是用來注入新 JavaScript 檔案的 `importScripts()` 函數。有一些高階通訊 API 可以使用，例如 `XMLHttpRequest`、`WebSocket` 和 `fetch()`；也可以使用一些不一定是 JavaScript 的一部分，但是由每個主要引擎重建的有用函數，例如 `setTimeout()`、`setInterval()`、`atob()`，和 `btoa()`。還有兩個資料儲存 API，`localStorage` 和 `indexedDB`，也可以使用。

但是，當涉及遺漏的 API 時，您需要進行試驗並查看您可以存取的內容。通常，修改網頁全域狀態的 API 是無法使用的。在主要的 JavaScript 領域中，全域的 location 是可用的並且會是 Location 的一個實例。在專用 worker 內，location 仍然可用，但它是 WorkerLocation 的一個實例，也會有點不同，特別是缺少了可以刷新網頁的 .reload() 方法。全域的 document 也不見了，它是存取網頁的 DOM 的 API。

當實例化一個專用 worker 時，有一個可選的第二個引數來指定 worker 的選項。實例化的簽名如下：

```
const worker = new Worker(filename, options);
```

options 引數是一個物件，可以包含此處列出的屬性：

type

可以是 classic（預設值），用於經典 JavaScript 檔案，或是 module，用於指定 ECMAScript Module（ESM）。

credentials

這個值會決定 HTTP 憑據（credential）是否與取得 worker 檔案的請求一起發送。此值可以是 omit 以排除憑據，same-origin 以發送憑據（但僅當來源匹配時），或 include 以永遠發送憑據。

name

這會為一個專用 worker 進行命名，主要是用於除錯。此值在 worker 中以全域命名的 name 來提供。

共享 Worker

共享 worker（shared worker）是另一種類型的 web worker，但它的特殊之處在於，共享 worker 可以被不同的瀏覽器環境存取，例如不同的視窗（頁籤）、跨越不同的 iframe，甚至來自不同的 web worker。它們在 worker 中也有一個不同的 self，是 SharedWorkerGlobalScope 的一個實例。共享 worker 只能由在同一來源上執行的 JavaScript 所存取。例如，在 *http://localhost:5000* 上執行的視窗無法存取在 *http://google.com:80* 上執行的共享 worker。

共享 worker 目前在 Safari（*https://oreil.ly/eHlkL*）中被禁用，似最早少自 2013 年以來一直如此，這無疑會損害該技術的接受度。

在深入研究程式碼之前，重要的是要考慮一些問題。讓共享 worker 有點難以理解的一件事是，它們不一定附加到特定的視窗（環境）。當然，它們最初是由特定視窗產生的，但之後它們可能最終「屬於」多個視窗。這意味著當第一個視窗關閉時，共享 worker 還是會保留下來。

 由於共享 worker 不屬於特定視窗，一個有趣的問題是：`console.log` 應該輸出到哪裡？從 Firefox v85 開始，輸出與產生共享 worker 的第一個視窗相關聯。開啟另一個視窗後，第一個視窗仍然會獲得日誌。關閉第一個視窗後，日誌就看不見了。再打開另一個視窗後，歷史日誌就會出現在最新的視窗中。另一方面，Chrome v87 根本不會顯示共享 worker 的日誌。除錯時請記住這一點。

對共享 worker 進行除錯

Firefox 和 Chrome 都提供了專門的方式來對共享 worker 進行除錯。在 Firefox 中，訪問地址欄中的 `about:debugging`。接下來，單擊左欄中的 This Firefox。然後，向下捲動，直到看到包含共享 worker 腳本列表的 Shared Workers 區段。在我們的例子中，我們會在 *shared-worker.js* 檔案的條目旁邊看到一個 Inspect 按鈕。在 Chrome 中，訪問 *chrome://inspect/#workers*，找到 *shared-worker.js* 條目，然後單擊它旁邊的「inspect」鏈結。使用這兩種瀏覽器，您將被帶到連接到這個 worker 的專用控制台。

共享 worker 可用於保持一個半持久（semipersistent）狀態，當其他視窗連接到它時會保持該狀態。例如，如果視窗 1 告訴共享 worker 去寫入一個值，則視窗 2 可以請求共享 worker 讀回該值。刷新視窗 1 後，該值仍保持不變。刷新視窗 2，它也會被保留。關閉視窗 1，它仍然被保留。但是，一旦您關閉或刷新仍在使用共享 worker 的最後一個視窗，此狀態將會遺失並且共享 worker 的腳本將再次被執行。

 當多個視窗正在使用它時，共享 worker JavaScript 檔案會被快取；刷新網頁不一定會重新載入您的更動；相反的，您需要關閉其他已開啟的瀏覽器視窗，然後刷新剩下的視窗，來讓瀏覽器執行您的新程式碼。

考慮到這些注意事項後，您現在已準備好建構一個使用共享 worker 的簡單應用程式了。

共享 worker 的 Hello World

共享 worker 會根據它在當前來源中的位置進行「鍵控（key）」。例如，您在本範例中所使用的共享 worker 位於像是 *http://localhost:5000/shared-worker.js* 這樣的某個位置。不論 worker 是不是從位於 */red.html*、*/blue.html* 還是 */foo/index.html* 的 HTML 檔案載入的，共享 worker 的實例將始終保持不變。有一種方法可以使用相同的 JavaScript 檔案建立不同的共享 worker 實例，這在第 32 頁的「進階共享 worker 用法」中會介紹。

您正在建構的網頁與 worker 執行緒之間的關係如圖 2-2 所示。

圖 2-2　共享 worker 關係

現在，是時候建立一些檔案了。請為此範例建立一個名為 *ch2-shared-workers/* 的目錄，所有必需的檔案都將位於該目錄中。完成後，再建立一個 HTML 檔案，其中包含範例 2-4 中的內容。

範例 *2-4 ch2-shared-workers/red.html*

```html
<html>
 <head>
   <title>Shared Workers Red</title>
   <script src="red.js"></script>
 </head>
</html>
```

與您在上一節中建立的 HTML 檔案非常類似，這個檔案只是設定一個標題並載入一個 JavaScript 檔案。完成後，建立另一個 HTML 檔案，其中包含範例 2-5 中的內容。

範例 *2-5 ch2-shared-workers/blue.html*

```html
<html>
 <head>
   <title>Shared Workers Blue</title>
   <script src="blue.js"></script>
 </head>
</html>
```

在這個範例中，您將使用兩個單獨的 HTML 檔案，每個檔案都代表一個新的 JavaScript 環境，可在同一來源上使用。技術上，您可以在兩個視窗中重用相同的 HTML 檔案，但我們希望非常明確地表明，沒有任何狀態將與 HTML 檔案或 *red/blue* JavaScript 檔案相關聯。

接下來，您已準備好建立第一個由 HTML 檔案直接載入的 JavaScript 檔案。請建立一個包含範例 2-6 內容的檔案。

範例 2-6 ch2-shared-workers/red.js

```
console.log('red.js');

const worker = new SharedWorker('shared-worker.js'); ❶

worker.port.onmessage = (event) => { ❷
  console.log('EVENT', event.data);
};
```

❶ 實例化此共享 worker。

❷ 請留意用來通訊的 `worker.port` 屬性。

這個 JavaScript 檔案相當基本。它的作用是透過呼叫 `new SharedWorker()` 來實例化一個共享 worker 實例。之後，它會為從共享 worker 發出的訊息事件，添加一個處理程式。當收到一則訊息時，它只是簡單的把它列印到控制台。

和直接呼叫 `.onmessage` 的 `Worker` 實例不同，對於 `SharedWorker` 實例而言，您將使用 `.port` 屬性。

接下來，複製並貼上您在範例 2-6 中建立的 *red.js* 檔案，並將其命名為 *blue.js*。別忘了要更新 `console.log()` 呼叫來列印 *blue.js*；否則，內容將不會改變。

最後，請建立一個 *shared-worker.js* 檔案，其中包含範例 2-7 裏面的內容。這是大部分的魔法將發生的地方。

範例 2-7 ch2-shared-workers/shared-worker.js

```
const ID = Math.floor(Math.random() * 999999); ❶
console.log('shared-worker.js', ID);

const ports = new Set(); ❷

self.onconnect = (event) => { ❸
  const port = event.ports[0];
  ports.add(port);
  console.log('CONN', ID, ports.size);

  port.onmessage = (event) => { ❹
    console.log('MESSAGE', ID, event.data);

    for (let p of ports) { ❺
```

```
      p.postMessage([ID, event.data]);
    }
  };
};
```

❶ 用於除錯的隨機 ID

❷ 連接埠的單例（singleton）串列

❸ 連結事件處理程式

❹ 收到新訊息時的回呼

❺ 訊息被派送到各個視窗

這個檔案中所發生的第一件事是產生一個隨機 ID 值。將該值列印在控制台中，然後傳遞給呼叫中的 JavaScript 環境。它在實際應用中並不是特別有用，但它在證明狀態有被保留，以及當處理這個共享 worker 時狀態已丟失這些方面做得很好。

接下來，它會建立一個名為 ports 的單例 Set。[2] 這將包含一個可供 worker 使用的所有連接埠的串列。視窗中可用的 worker.port 和 service worker 中提供的 port 都是 MessagePort 類別的實例。

在此共享 worker 檔案外部範疇中發生的最後一件事，是建立了 connect 事件的偵聽器（listener）。每次 JavaScript 環境建立一個參照此共享 worker 的 SharedWorker 實例時，都會呼叫此函數。呼叫此偵聽器時，會提供一個 MessageEvent 實例作為引數。

connect 事件有幾個可用的屬性，其中最重要的一個是 ports 屬性。此屬性是一個包含了單一元素的陣列，該元素是一個 MessagePort 實例的參照，此實例可以與正在進行呼叫的 JavaScript 環境進行通訊，然後再將此特定連接埠添加到 ports 集合。

message 事件的事件偵聽器也會附加到連接埠上。與您之前在 Worker 實例中使用的 onmessage 方法非常相似，當一個外部 JavaScript 環境呼叫適用的 .postMessage() 方法時，將呼叫此方法。收到訊息時，程式碼會列印 ID 值和收到的資料。

---

[2] 從 Firefox v85 開始，無論 ports 集合中有多少條目，呼叫 console.log(ports) 都會只顯示一個條目。現在，要對大小進行除錯，請改為呼叫 console.log(ports.size)。

事件偵聽器還會將訊息分派回進行呼叫的環境。它透過對 ports 集合進行迭代，為每個遇到的連接埠呼叫 .postMessage() 方法來完成這件事。由於此方法只接受一個引數，因此我們會傳入一個陣列來模擬多個引數。這個陣列的第一個元素又會是 ID 值，第二個則是傳入的資料。

如果您之前有透過 Node.js 使用過 WebSockets 的話，那麼可能會對這種程式碼樣式感到熟悉。對於大多數流行的 WebSockets 套件而言，建立連結時會觸發一個事件，然後連結引數可以附加一個訊息偵聽器。

目前您已準備好再次測試您的應用程式了。首先，在 *ch2-shared-workers/* 目錄中執行以下命令，然後複製並貼上所顯示的 URL：

```
$ npx serve .
```

在我們的案例中，我們再一次得到了 URL *http://localhost:5000*。不過這次不是直接開啟 URL，而是要先在瀏覽器中開啟 web 檢查器，然後再開啟修改後的 URL。

切換到您的瀏覽器並開啟一個新頁籤。如果這樣會開啟您的首頁、空白頁籤或任何您的預設網頁的話，那也沒有關係。然後，再次打開 web 檢查器並導航到 Console 頁籤。完成後，貼上之前提供給您的 URL，但要對其進行修改以開啟 */red.html* 網頁。您輸入的 URL 可能如下所示：

```
http://localhost:5000/red.html
```

按下 Enter 以開啟網頁。serve 套件可能會將您的瀏覽器從 */red.html* 重新導向到 */red*，但這是 OK 的。

網頁載入後，您應該會在控制台中看到表 2-2 中列出的訊息。如果您在載入網頁後開啟檢查器，那麼您可能不會看到任何日誌，不過這樣做之後再刷新網頁，應該就會顯示日誌了。請注意，在撰寫本文時，只有 Firefox 會顯示在 *shared-worker.js* 中產生的訊息。

表 2-2　第一個視窗控制台的輸出

日誌	位置
red.js	red.js:1:9
shared-worker.js 278794	shared-worker.js:2:9
CONN 278794 1	shared-worker.js:9:11

在我們的案例中可以看到 *red.js* 檔案被執行，這個特定的 *shared-worker.js* 實例產生了一個為 278794 的 ID，而且當下有單一視窗連接到這個共享 worker。

接下來，請開啟另一個瀏覽器視窗。同樣先開啟 web 檢查器，切換到 Console 頁籤，貼上 serve 命令所提供的基底 URL，然後將 */blue.html* 添加到此 URL 的結尾。在我們的例子中，URL 會如下所示：

```
http://localhost:5000/blue.html
```

按下 Enter 來開啟 URL。網頁載入後，您應該只會在控制台輸出中看到一則訊息，表明已執行了 *blue.js* 檔案。目前還不是太有趣。但是切換回您為 *red.html* 網頁開啟的前一個視窗後，您應該會看到已經增加了表 2-3 中列出的新日誌。

表 2-3　第一個視窗控制台的輸出，接續上表

日誌	位置
CONN 278794 2	shared-worker.js:9:11

現在事情變得有點意思了。共享 worker 環境現在有兩個對 MessagePort 實例的參照，指向兩個分別的視窗。同一時間，兩個視窗也參照了同一個共享 worker 的 MessagePort 實例。

現在您已準備好從其中一個視窗向共享 worker 發送訊息。將焦點切換到控制台視窗並鍵入以下命令：

```
worker.port.postMessage('hello, world');
```

按下 Enter 來執行這行 JavaScript，您應該會看到共享 worker 所產生的第一個控制台裏的一則訊息、在來自 *red.js* 的第一個控制台裏的一則訊息，還有來自 *blue.js* 的第二個視窗的控制台裏的一則訊息。在我們的案例中，我們會看到表 2-4 中列出的輸出。

表 2-4　第一和第二個視窗控制台的輸出

日誌	位置	控制台
MESSAGE 278794 hello, world	shared-worker.js:12:13	1
EVENT Array [278794, "hello, world"]	red.js:6:11	1
EVENT Array [278794, "hello, world"]	blue.js:6:11	2

此時，您已經成功地將訊息從某一個視窗中可用的 JavaScript 環境，發送到共享 worker 中的 JavaScript 環境，然後也將訊息從 worker 傳遞到兩個分別的視窗。

進階共享 worker 用法

共享 worker 也受附錄中所描述的物件複製規則的約束，此外，就像它們的專用 worker 同伴一樣，共享 worker 也可以存取用來載入外部 JavaScript 檔案的 importScripts() 函數。從 Firefox v85/Chrome v87 開始，您可能會發現 Firefox 能夠更方便的對共享 worker 進行除錯，因為來自共享 worker 的 console.log() 的輸出是可用的。

共享 worker 實例確實可以存取 connect 事件，它可以使用 self.onconnect() 方法來處理該事件。值得注意的是，特別是如果您熟悉 WebSocket 的話，它缺少 disconnect 或 close 事件。

在建立 port 實例的單例集合時，就像本節中的範例程式碼一樣，很容易造成記憶體洩漏。在此情況下，您只需要不斷刷新其中一個視窗，每次刷新時都會添加一個新條目到集合中。

這遠遠不是我們所想要的。您可以做的一件事是，在您的主要 JavaScript 環境（也就是 *red.js* 和 *blue.js*）中添加一個事件偵聽器，該事件偵聽器會在網頁被拆除時觸發。讓此事件偵聽器將特殊訊息傳遞給共享 worker。在共享 worker 執行緒中，當收到訊息時，再從連接埠列表中刪除該連接埠。以下是如何執行此操作的範例：

```
// 主要 JavaScript 檔案
window.addEventListener('beforeunload', () => {
  worker.port.postMessage('close');
});

// 共享 worker
port.onmessage = (event) => {
  if (event.data === 'close') {
    ports.delete(port);
    return;
  }
};
```

不幸的是，在某些情況下，連接埠仍然會存在。如果 beforeunload 事件沒有被觸發、在觸發時發生錯誤，或者網頁以意外的方式當掉時，這可能會導致過期的連接埠參照留在共享 worker 中。

一個更強固的系統還需要一種方法讓共享 worker 偶爾「ping」一下發出呼叫的環境，透過 port.postMessage() 來發送特殊訊息，並讓發出呼叫的環境進行回覆。使用這種方法時，如果共享 worker 在一定時間內沒有收到回覆，它就可以刪除連接埠實例。

但這種方法也不是完美的，因為緩慢的 JavaScript 環境會導致反應時間過長，幸運的是，與不再附加有效 JavaScript 的連接埠進行互動，並不會產生太大的副作用。

SharedWorker 類別的完整建構子函數如下所示：

```
const worker = new SharedWorker(filename, nameOrOptions);
```

這個簽名和之前在實例化 Worker 實例時略有不同，特別是第二個引數可以是選項物件，也可以是 worker 的名稱。與 Worker 實例非常相似之處是，在 worker 內部可以用 self.name 來作為 worker 的名稱。

現在您可能想知道它是如何運作的。例如，共享 worker 是否可以在 *red.js* 中宣告為「red worker」，在 blue.js 中宣告為「blue worker」？在這種情況下，將建立兩個分別的 worker，每個都有不同的全域環境、不同的 ID 值和適當的 self.name。

您可以將這些共享 worker 實例視為不僅是透過其 URL 還透過其名稱進行「鍵控」。這可能就是 Worker 和 SharedWorker 之間簽名會發生變化的原因，因為名稱對於後者更為重要。

除了用字串名稱來替換選項引數的能力之外，SharedWorker 的選項參數與 Worker 完全相同。

在這個範例中，您只為每個視窗建立了一個 SharedWorker 實例，指派給了 worker，但是並不會有什麼來阻止您建立多個實例。事實上，假設 URL 和名稱是相符的，您甚至可以建立多個指向同一個實例的共享 worker。發生這種情況時，兩個 SharedWorker 實例的 .port 屬性都能夠接收訊息。

這些 SharedWorker 實例絕對能夠在網頁載入之間維持狀態。您一直在這樣做，其中 ID 變數保存著唯一性的編號，ports 則包含連接埠串列。只要有一個視窗維持開啟狀態，這種狀態甚至會在刷新後持續存在，就像您先刷新 blue.html 網頁，然後是 red.html 網頁一樣；但是，如果兩個網頁同時被刷新、一個關閉另一個刷新，或兩個網頁都關閉時，則狀態將會流失。在下一節中，您將使用一種技術，該技術即使在連接的視窗關閉時，也能繼續保持狀態並執行程式碼。

Service Worker

service worker 在功能上像是一種代理（proxy），位於在瀏覽器和伺服器中執行的一個或多個網頁之間。由於 service worker 不是僅與單一網頁相關聯，而且可能與多個網頁相關聯，因此更類似於共享 worker，而不是專用 worker，它們甚至會以與共享 worker 相同的方式進行「鍵控」。但是即使網頁不一定是開啟的，service worker 也可以存在並在背景執行。因此，您可以將專用 worker 執行緒視為與一個網頁相關聯、將共享 worker 執行緒視為與一個或多個網頁相關聯，而將 service worker 執行緒視為與零個或多個網頁相關聯。但是共享 worker 不會神奇地被產生出來。相反的，它確實需要先開啟一個網頁來安裝共享 worker。

service worker 主要用於執行網站或單頁應用程式的快取管理。當網路請求發送到伺服器時，它們最常被呼叫，其中 service worker 內部的事件處理程式會攔截網路請求。service worker 聲名鵲起是因為當瀏覽器顯示了網頁，但執行它的電腦不能存取網路時，它可用來傳回被快取的資產。當 service worker 收到請求時，它可能會查詢快取以查找被快取的資源、向伺服器發出請求以檢索資源的某些樣貌，甚至執行繁重的計算並傳回結果；雖然最後一個選項使它與您看到的其他 web worker 相似，但您真的不應該僅僅為了將 CPU 密集型工作卸載到另一個執行緒這樣的目的而使用 service worker。

service worker 擁有比其他 web worker 更大的 API，不過它們的主要使用案例並不是從主執行緒來卸載繁重的計算。service worker 當然複雜，甚至有整本書專門在介紹它們。即使如此，因為本書主要目標是教您 JavaScript 的多執行緒功能，所以我們不會完整的介紹它們。例如說，有一個完整的 Push API 可用於接收從伺服器推送到瀏覽器的訊息，不過我們根本不會涵蓋這些 API。

與其他 web worker 非常相似，service worker 無法存取 DOM。它們也不能發出阻擋（blocking）請求。例如，不允許將 `XMLHttpRequest#open()` 的第三個引數設定為 `false`，那將會阻擋程式碼執行，直到請求成功或超過時間為止。瀏覽器將只允許 service worker 在使用 HTTPS 協定來提供服務的網頁上執行。對我們來說幸運的是，有一個值得注意的例外，`localhost` 可以使用 HTTP 載入 service worker。這是為了使本地端開發更容易。Firefox 在使用其隱私瀏覽功能時不允許 service worker。但是，Chrome 在使用其無痕（Incognito）功能時確實允許 service worker。也就是說，service worker 實例無法在普通視窗和無痕視窗之間進行通訊。

Firefox 和 Chrome 在包含 Service Workers 區段的檢查器中都有一個 Applications 面板（panel）。您可以使用它來查看與當前網頁相關聯的任何 service worker，還可以執行一個非常重要的開發動作：取消註冊它們，這基本上允許您將瀏覽器重置為在 worker 註冊之前的狀態。不幸的是，在當前的瀏覽器版本中，這些瀏覽器面板沒有提供一種方法來跳入 service worker 的 JavaScript 檢查器。

為 service worker 進行除錯

要進入 service worker 實例的檢查器面板，您需要先到其他地方。在 Firefox 中，打開位址欄並訪問 *about:debugging#/runtime/this-firefox*。向下捲動到 service worker，然後在底部就可以看見您今天建立的任何 worker。對於 Chrome 來說，有兩種不同的螢幕可用於存取瀏覽器的 service worker。更強大的網頁位於 *chrome://serviceworker-internals/*。它包含 service worker 列表、它們的狀態、還有基本日誌輸出。另一個位於 *chrome://inspect/#service-workers*，它包含的資訊要少得多。

現在您已經瞭解了 service worker 的一些問題，您已經準備好來自己建構一個了。

Service Worker 的 Hello World

在本節中，您將建構一個非常基本的 service worker，它會攔截從基本網頁發送的所有 HTTP 請求。大多數請求將原封不動的傳遞給伺服器。但是，對特定資源發出的請求，將傳回由 service worker 本身所計算的一個值。多數 service worker 都會進行大量的快取查找，不過在這裏，我們的目標同樣還是從多執行緒的角度來呈現 service worker。

您需要的第一個檔案又是一個 HTML 檔案。請建立一個名為 *ch2-service-workers/* 的新目錄。然後，在此目錄中，使用範例 2-8 中的內容建立一個檔案。

範例 *2-8 ch2-service-workers/index.html*

```
<html>
 <head>
   <title>Service Workers Example</title>
   <script src="main.js"></script>
 </head>
</html>
```

這是一個相當基本的檔案，它只載入您的應用程式的 JavaScript 檔案，接下來是 建立一個名為 *main.js* 的檔案，並將範例 2-9 中的內容添加到其中。

範例 *2-9 ch2-service-workers/main.js*

```
navigator.serviceWorker.register('/sw.js', { ❶
  scope: '/'
});
navigator.serviceWorker.oncontrollerchange = () =>{ ❷
  console.log('controller change');
};

async function makeRequest() { ❸
  const result = await fetch('/data.json');
  const payload = await result.json();
  console.log(payload);
}
```

❶ 註冊 service worker 並定義範疇。

❷ 偵聽 controllerchange 事件。

❸ 發起請求的函數。

現在事情開始變得有點有趣了。這個檔案中要做的第一件事是建立 service worker。這和您使用過的其他 web worker 不同，您並沒有在建構子函數中使用 new 關鍵字。相反的，此程式依賴於 navigator.serviceWorker 物件來建立 worker。第一個引數是充當 service worker 的 JavaScript 檔案的路徑。第二個引數是支援單一 scope 屬性的可選配置物件。

scope 表示當前來源的目錄，載入到其中的任何 HTML 網頁，都將透過 service worker 傳遞其請求。預設情況下，scope 的值與載入 service worker 的目錄相同。在這種情況下，/ 值是相對於 *index.html* 目錄的，並且因為 *sw.js* 也位於同一目錄中，我們可以省略範疇，而它的表現將完全相同。

一旦為網頁安裝了 service worker，所有出站（outbound）HTTP 請求都將透過 service worker 來發送。這包括了對不同來源的請求。由於此網頁的範疇被設定為來源的最上層目錄，因此在此來源中開啟的任何 HTML 網頁，都必須透過 service worker 來請求資產。如果 scope 已設置為 */foo*，則在 */bar.html* 處開啟的網頁將不會受到 service worker 的影響，但 */foo/baz.html* 處的網頁則會受到影響。

接下來會發生的事情是，將 controllerchange 事件的偵聽器添加到 navigator.serviceWorker 物件。當此偵聽器被觸發時，會向控制台列印一則訊息。當 service worker 控制了已經載入且在 worker 範疇內的網頁時，此訊息僅被用於除錯。

最後，我們定義了一個名為 makeRequest() 的函數。此函數向 *data.json* 路徑發出 GET 請求、將回應解碼為 JavaScript 物件標記法（JavaScript Object Notation, JSON），並列印結果。您可能已經注意到，沒有任何對該函數的參照；相反的，您稍後將在控制台中手動執行它來測試功能性。

使用該檔案後，您現在可以建立 service worker 本身了。建立第三個名為 *sw.js* 的檔案，並將範例 2-10 中的內容添加到其中。

範例 *2-10 ch2-service-workers/sw.js*

```javascript
let counter = 0;

self.oninstall = (event) => {
  console.log('service worker install');
};

self.onactivate = (event) => {
  console.log('service worker activate');
  event.waitUntil(self.clients.claim()); ❶
};

self.onfetch = (event) => {
  console.log('fetch', event.request.url);

  if (event.request.url.endsWith('/data.json')) {
    counter++;
    event.respondWith( ❷
      new Response(JSON.stringify({counter}), {
        headers: {
          'Content-Type': 'application/json'
        }
      })
    );
    return;
  }

  // 退回到正常的 HTTP 請求
  event.respondWith(fetch(event.request)); ❸
};
```

❶ 允許 service worker 聲稱擁有已開啟的 *index.html* 網頁。

❷ 在請求 */data.json* 時進行覆寫。

❸ 其他 URL 將退回到正常的網路請求。

在這個檔案中發生的第一件事是一個全域變數 counter 被初始化為零。稍後，當某些類型的請求被攔截時，該數值會遞增。這只是證明 service worker 正在執行的一個例子；在實際應用程式中，您永遠不應該以這種方式儲存應該是持久性的狀態。事實上，您應該預期任何的 service worker 都會以一種難以預測且會因瀏覽器實作版本而異的方式，進行頻繁的啟動和停止。

之後，我們透過為 self.oninstall 指派一個函數，來為 install 事件建立一個處理程式，這個函數會在瀏覽器中第一次安裝這個版本的 service worker 時執行。大多數真實世界的應用程式，將在此階段執行實例化工作。例如，self.caches 中有一個可用物件，可以用來配置儲存網路請求結果的快取；但是，因為這個基本的應用程式在實例化這件事上並沒有太多的事情要做，所以它只是列印一則訊息後結束。

接下來是處理 activate 事件的函數。當導入新版本的 service worker 時，此事件對於執行清理工作很有用。對於真實世界的應用程式來說，它可能會做像是清除舊版本的快取這樣的工作。

在這種情況下，activate 處理程式會呼叫 self.clients.claim() 方法。呼叫它會先允許那個首先建立 service worker 的網頁實例（也就是您第一次開啟的 *index.html* 網頁）被 service worker 所控制。如果您沒有這一行，網頁在第一次載入時就不會被 service worker 所控制。但是，刷新網頁或在另一個頁籤中開啟 *index.html* 將允許該網頁被控制。

對 self.clients.claim() 的呼叫會傳回一個 promise。可惜的是，service worker 中所使用的事件處理程式，並不是能夠 await promise 的非同步（async）函數。然而，event 引數是一個帶有 .waitUntil() 方法的物件，它確實與 promise 一起工作。一旦提供給該方法的 promise 解決了，它將允許 oninstall 和 onactivate（以及稍後的 onfetch）處理程式完成。透過不呼叫該方法，就像在 oninstall 處理程式中一樣，一旦函數退出時，就會認為該步驟已完成。

最後一個事件處理程式是 onfetch 函數。這是最複雜的，也是在 service worker 的整個生命週期中被呼叫最多次的。每次在 service worker 控制下的網頁發出網路請求時，都會呼叫這個處理程式。它被稱為 onfetch 以表示它與瀏覽器中的 fetch() 函數相關聯，儘管這其實是不當的用詞，因為任何網路請求都將透過它來傳遞。例如，如果稍後我們將影像標記添加到網頁時，這個請求也會觸發 onfetch。

此函數首先記錄一則訊息，以確認它正要被執行並列印正在請求的 URL。還可以獲得有關所請求資源的其他資訊，例如標頭（header）和 HTTP 方法。在真實世界應用程式中，此資訊可用來查詢快取，以查看資源是否已經存在。例如，可以從快取來滿足對目前來源中資源的 GET 請求，但如果資源不存在，則可以使用 fetch() 函數進行請求，然後將它插入到快取中，然後再傳回給瀏覽器。

這個基本範例只接受 URL，並檢查它是否是以 /data.json 結尾的 URL。如果不是的話，則跳過 if 敘述，並呼叫函數的最後一行。這一行只接受請求物件（它是 Request 的實例），並將它傳遞給 fetch() 方法，此方法會傳回一個 promise，並將這個 promise 傳遞給 event.respondWith()。fetch() 方法將解析一個物件，然後該物件將被用來表達回應，然後再將其提供給瀏覽器。本質上這是一個非常基本的 HTTP 代理。

但是，回到 /data.json 的 URL 檢查那裏，如果它確實通過了，那麼會發生更複雜的事情。在這種情況下，counter 變數會遞增，並且會從頭開始產生一個新的回應（它是 Response 的一個實例）。在這種情況下，將建構一個包含 counter 值的 JSON 字串。這是提供作為 Response 的第一個引數用的，它表示回應的正文；第二個引數包含有關回應的後設（meta）資訊，在這種情況下，Content-Type 標頭被設定成 application/json，這會告訴瀏覽器說回應將是 JSON 負載（payload）。

現在您的檔案已經建立好了，使用控制台導航到您建立它們的目錄，並執行以下命令以啟動另一個 web 伺服器：

```
$ npx serve .
```

同樣的，複製它所提供的 URL，開啟一個新的 web 瀏覽器視窗，打開檢查器，然後貼上 URL 以訪問該網頁。您應該會在控制台中看到此訊息 (可能還有其他)：

```
controller change              main.js:6:11
```

下一步，使用前面提過的技術來瀏覽安裝在瀏覽器中的 service worker 列表。在檢查器中，您應該看到以前記錄的訊息；具體來說，您應該看到這兩則：

```
service worker install         sw.js:4:11
service worker activate         sw.js:8:11
```

接下來，切換回瀏覽器視窗。在檢查器的 Control 頁籤中，執行下面這行程式碼：

```
makeRequest();
```

這將執行 makeRequest() 函數,該函數會觸發對目前來源的 /data.json 的 HTTP GET 請求。完成後,您應該會在控制台中看到訊息 Object { counter: 1 }。該訊息是使用 service worker 產生的,並且請求從未發送到 web 伺服器。如果您切換到檢查器的 network 頁籤,您應該會看到看起來像是一般正常的獲取資源的請求。如果您單擊請求的話,您應該看到它回覆了 200 這個狀態碼,並且 Content-Type 標頭也應設定成 application/json。就網頁而言,它確實發出了正常的 HTTP 請求,但您知道的更多。

切換回 service worker 檢查器控制台。在這裡,您應該看到已經列印了第三則訊息,其中包含了請求的詳細資訊。在我們的機器上,我們得到以下資訊:

    fetch http://localhost:5000/data.json   sw.js:13:11

此時,您已經成功攔截了來自一個 JavaScript 環境的 HTTP 請求、在另一個環境中執行了一些計算,並將結果傳回到主環境。與其他 web worker 非常相似,這個計算是在一個單獨的執行緒中完成的,並以平行方式執行程式碼。如果 service worker 做了一些非常繁重和緩慢的計算,網頁在等待回應時,就可以自由的執行其他操作。

 在您的第一個瀏覽器視窗中,您可能已經注意到嘗試要下載 favicon.ico 檔案但失敗的錯誤。您可能還想知道為什麼共享 worker 控制台沒有提到這個檔案。那是因為在第一次開啟視窗時,它還不受 service worker 的控制,所以請求是直接透過網路發出的,繞過了 worker。為 service worker 進行除錯可能會令人困惑,這是要記住的警告之一。

現在您已經建構了一個可以運作的 service worker,您已經準備好瞭解它們必須提供的一些更進階的功能。

進階 Service Worker 概念

service worker 僅用於執行非同步運算,正因為如此,localStorage API 是不可用的,因為它在讀寫時技術上會被阻擋;但是非同步 indexedDB API 卻是可用的。service worker 執行緒中也禁用了最高層的 await。

在對狀態進行追蹤時,您主要將會使用 self.caches 和 indexedDB。同樣的,將資料保存在全域變數中是不可靠的。實際上,在除錯 service worker 時,您可能會發現它們偶爾會停止,此時您不被允許跳入檢查器。瀏覽器有一個按鈕,允許您再次啟動 worker,這可讓您跳回檢查器。正是這種停止和啟動刷新了全域狀態。

瀏覽器會相當積極的快取 service worker 腳本。重新載入網頁時，瀏覽器可能會請求腳本，但除非腳本發生更改，否則不會考慮進行替換。Chrome 瀏覽器確實提供了在重新載入網頁時觸發腳本更新的功能；要能如此，請導航到檢查器中的「Application」頁籤，然後單擊「Service Workers」，再單擊「Update on reload」核取方塊。

每個 service worker 從開始建立到可以使用的過程，都經歷狀態更改。透過讀取 self.serviceWorker.state 屬性，可以在 service worker 中使用此狀態。這是它經歷的階段列表：

已剖析（*parsed*）

　　這是 service worker 的第一個狀態，此時檔案中的 JavaScript 內容已經剖析完畢。這是一種您在應用程式中可能永遠不會遇到的內部狀態。

安裝中（*installing*）

　　安裝已開始，但尚未完成。每個 worker 版本都會發生一次。此狀態在 oninstall 被呼叫之後和 event.respondWith() promise 解決之前會處於活動狀態。

已安裝（*installed*）

　　這時候安裝已經完成。接下來將呼叫 onactivate 處理程式。在我的測試中，發現 service worker 從 installing 到 activating 的速度非常之快，以至於我從未看到 installed 狀態。

激發中（*activating*）

　　這種狀態發生在 onactivate 被呼叫，但 event.respondWith() promise 尚未解決時。

已激發（*activated*）

　　激發已完成，worker 準備做它該做的事情。此時 fetch 事件將被攔截。

冗餘（*redundant*）

　　此時已經載入了較新版本的腳本，不再需要之前的腳本了。如果 worker 腳本下載失敗、包含了語法錯誤，或拋出錯誤，也會觸發此狀態。

簡言之，service worker 應該被視為一種漸進式增強的形式。這意味著，如果根本不使用 service worker 的話，任何使用它們的網頁仍應照常運作。這很重要，因為您可能會遇到不支援 service worker 的瀏覽器，或者安裝階段可能會失敗，或者注重隱私的使用者可能會完全禁用它們。換句話說，如果您只想為您的應用程式添加多執行緒功能，那麼請選擇其他的 web worker。

service worker 內部使用的全域 self 物件，是 ServiceWorkerGlobalScope 的一個實例。其他的 web worker 中可用的 importScripts() 函數在此環境中也可用。與其他 worker 一樣，也可以將訊息傳遞到 service worker 以及從它接收訊息。也可以指派相同的 self.onmessage 處理程式。這或許可以用來向 service worker 發出信號，告訴它應該去執行某種作廢快取的操作。同樣的，以這種方式傳遞的訊息受制於我們在附錄中討論的相同複製演算法。

在除錯 service worker 以及瀏覽器發出的請求時，您需要將快取放在心上。service worker 不僅可以實作您以程式設計方式控制的快取，而且瀏覽器本身還必須處理常規的網路快取。這可能意味著從您的 service worker 發送到伺服器的請求，可能不會總是被伺服器接收到。出於這個原因，請記住 Cache-Control 和 Expires 標頭，並確保您設定了想要的值。

service worker 可以使用的功能比本節中介紹的要多得多。Mozilla 是 Firefox 背後的公司，它好心的將建構 service worker 時的常用策略放在了一個食譜（cookbook）網站上。該網站位於 *https://serviceworke.rs*，如果您正在考慮在您的下一個 web 應用程式中實作 service worker，我們建議您查看該網站。

service worker 以及您所看到的其他 web worker 必定會帶來一些複雜性。幸運的是，有一些方便的程式庫可以使用，還有您可以實作的通訊樣式，使得管理它們會更容易一些。

跨文件通訊

還有其他方法可以在瀏覽器中實現多執行緒 JavaScript 程式設計，而無需實例化 web worker。這些可以透過跨越不同瀏覽器語境進行通訊來完成，其中包括了完全開啟的網頁和 iframe。瀏覽器提供 API 以允許跨越這些網頁進行通訊。

第一種方法是透過在網頁中嵌入 iframe 或透過建立彈出（pop-up）視窗來進行，而且在 web worker 出現之前就已經是可用的。父視窗能夠獲得對子視窗的參照，然後可以在此參照上呼叫 .postMessage() 方法，來向子視窗發送訊息，接著子視窗就能夠在其 window 物件上偵聽 message 事件。子視窗還可以將訊息傳遞回父視窗。這種樣式也啟發了 web worker 介面。

第二種方法更通用一些。它不僅允許在彈出視窗和 iframe 之間進行通訊，還允許在為同一來源開啟的任何視窗之間進行通訊，甚至更進一步的允許跨 worker 執行緒進行通訊。這種通訊是透過實例化一個新的 BroadcastChannel 實例來實現的，並將頻道（channel）的名稱作為第一個引數來傳遞。然後此頻道

允許 pub/sub（publish and subscribe，發布和訂閱）通訊。產出的物件有一個 `.postMessage()` 方法，並且可以指派一個 `.onmessage` 處理程式。跨不同環境在此頻道上進行偵聽的所有物件，都將在發布訊息時呼叫其訊息處理程式。該實例還有一個 `.close()` 方法，來斷開實例與頻道的連結。

訊息傳遞抽象化

本章介紹的每個 web worker 都公開了一個連接埠，用於將訊息傳入和接收來自另一個 JavaScript 環境的訊息，這允許您建構能夠跨多個核心同時執行 JavaScript 的應用程式。

但是到目前為止，您實際上只使用了簡單、人為設計的範例，傳遞簡單的字串並呼叫簡單的函數。在建構更大型的應用程式時，重要的是傳遞可以擴展（scale）的訊息，並在可以擴展的 worker 中執行程式碼，而且在與 worker 一起工作時簡化介面，也將減少潛在的錯誤。

RPC 樣式

到目前為止，您只處理了將基本字串傳遞給 worker 的工作。雖然這對於感受 web worker 的功能來說是件好事，但對於完整的應用程式來說，這並不能好好的擴展。

例如，假設您有一個只做一件事情的 web worker，比如求出 1 到 1,000,000 的所有平方根值的總和。您可以在沒有傳遞引數的情況下，只為這個 worker 呼叫 `postMessage()`，然後執行緩慢的 `onmessage` 處理程式，並使用 worker 的 `postMessage()` 函數將訊息送回。但是如果 worker 還需要計算費伯納西（Fibonacci）數列呢？在這種情況下，您可以傳入字串，一個用於 `square_sum`，另一個用於 Fibonacci；但是如果您需要引數怎麼辦？好吧，您可以傳入 `square_sum|1000000`；但是如果您需要引數型別呢？也許您會得到類似 `square_sum|num:1000000` 的東西。您應該可以看出我們正面臨著什麼。

RPC（Remote Procedure Call，遠端程序呼叫）樣式是一種獲取函數及其引數的表達法，將它們序列化之後將它們傳遞到遠端目的地來執行它們的方法。字串 `square_sum|num:1000000` 實際上是我們不小心重新建立的一種 RPC 形式。也許它最終可以翻譯成像是 `squareNum(1000000)` 這樣的函數呼叫，這在第 45 頁的「命令調度器樣式」小節中會再說明。

應用程式還需要擔心另外一點點複雜性。如果主執行緒一次只向 web worker 發送一則訊息，那麼當 web worker 傳回一則訊息時，您就會知道這是對訊息的回應；但是，如果您同時向 web worker 發送多則訊息時，就沒有簡單的方法來將回應關聯起來。例如，假設一個應用程式向 web worker 發送兩則訊息，並收到兩個回應：

```
worker.postMessage('square_sum|num:4');
worker.postMessage('fibonacci|num:33');

worker.onmessage = (result) => {
  // 哪個結果屬於哪個訊息？
  // '3524578'
  // 4.1462643
};
```

幸運的是，確實存在著用於傳遞訊息和實現可以從 RPC 樣式中汲取靈感的標準。該標準稱為 JSON-RPC（*https://jsonrpc.org*），而且實作起來相當簡單。該標準將請求和回應物件的 JSON 表達法定義為「通知（notification）」物件、定義被呼叫的方法和請求中的引數的方式、回應中的結果，以及將請求和回應進行關聯的機制，它甚至支援錯誤值和請求批次處理。在本範例中，您將只處理請求和回應。

以範例中的兩個函數呼叫為例，這些請求和回應的 JSON-RPC 版本可能如下所示：

```
// worker.postMessage
{"jsonrpc": "2.0", "method": "square_sum", "params": [4], "id": 1}
{"jsonrpc": "2.0", "method": "fibonacci", "params": [33], "id": 2}

// worker.onmessage
{"jsonrpc": "2.0", "result": "3524578", "id": 2}
{"jsonrpc": "2.0", "result": 4.1462643, "id": 1}
```

在這種情況下，回應訊息以及它們的請求之間現在有了明確的關聯。

JSON-RPC 會想要在序列化訊息時使用 JSON 進行編碼，尤其是在透過網路發送訊息時。實際上，那些 jsonrpc 欄位定義了訊息所遵循的 JSON-RPC 版本，這在網路設定中非常重要。然而，由於 web worker 使用了允許傳遞 JSON 相容物件的結構化複製演算法（在附錄中介紹），應用程式可以直接傳遞物件，而無需付出 JSON 序列化和反序列化的成本；此外，jsonrpc 欄位在瀏覽器中可能沒有那麼重要，因為您可以更嚴格的控制通訊頻道的兩端。

有了這些相關聯的請求和回應物件的 `id` 屬性，我們就可以知道哪個訊息與哪個物件相關聯。您將在第 47 頁的「全部放在一起」小節中建構將這兩者關聯起來的解決方案。但是，現在，您首先需要確定在收到訊息時要呼叫哪個函數。

命令調度器樣式

雖然 RPC 樣式對於定義協定很有用，但它並不一定會提供了一種機制來確定在接收端要執行哪一個程式碼路徑。命令調度器模式（command dispatcher pattern）解決了這個問題，它提供了一種獲取序列化命令的方法、找到合適的函數、然後執行它，並且可以選擇性的傳入引數。

這種樣式實作起來相當簡單，也不需要很多魔法。首先，我們可以假設有兩個變數包含了需要執行的程式碼的方法或命令（*command*）之相關資訊。第一個變數稱為 `method`，它是一個字串，第二個變數稱為 `args`，它是要傳遞給方法的值的陣列。假設這些是從應用程式的 RPC 層中淬取出來的。

最終需要執行的程式碼可能會存在於應用程式的不同部分。例如，也許平方和程式存在於第三方程式庫中，而費伯那西程式碼則比較會是您在本地端所宣告的。無論程式碼位於何處，您都需要建立一個儲存庫，將這些命令映射到需要執行的程式碼。有幾種方法可以實現這一點，例如使用 `Map` 物件，但由於命令將是相當靜態的，因此一個簡單的 JavaScript 物件就足夠了。

另一個重要的概念是只應執行有定義的命令。如果呼叫者想要呼叫一個不存在的方法，那麼就應該得體的產生一個可以傳回給呼叫者的錯誤，而不會使 web worker 當掉。而且，雖然引數能夠以陣列方式傳遞到方法中，但如果能將引數陣列擴展為普通的函數引數的話，它將是一個更好的介面。

範例 2-11 顯示了一個可以在您的應用程式中使用的命令調度器的範例實作。

範例 2-11 command dispatcher 例子

```
const commands = { ❶
  square_sum(max) {
    let sum = 0;
    for (let i = 0; i< max; i++) sum += Math.sqrt(i);
    return sum;
  },
  fibonacci(limit) {
    let prev = 1n, next = 0n, swap;
    while (limit) {
```

```
      swap = prev; prev = prev + next;
      next = swap; limit--;
    }
    return String(next);
  }
};
function dispatch(method, args) {
  if (commands.hasOwnProperty(method)) { ❷
    return commands[method](...args); ❸
  }
  throw new TypeError(`Command ${method} not defined!`);
}
```

❶ 所有支援的命令的定義。

❷ 檢查命令是否存在。

❸ 擴展引數並呼叫方法。

此程式碼定義了一個名為 commands 的物件，此物件包含了命令調度器支援的整個命令集合。在這種情況下，程式碼是內嵌的（inlined），但我們絕對可以，甚至會被鼓勵去訪問位於其他地方的程式碼。

dispatch() 函數會接受兩個引數，第一個是方法的名稱，第二個是引數陣列。當 web worker 收到用來表達命令的 RPC 訊息時，可以呼叫此函數。在這個函數中，第一步是檢查該方法是否存在，這是使用 commands.hasOwnProperty() 來完成的。這比在 commands 中呼叫 method 或使用 commands[method] 要安全得多，因為您不希望呼叫 __proto__ 之類的非命令屬性。

如果確定命令存在時，則命令引數會被展開，陣列的第一個元素將是第一個引數，依此類推。然後使用這些引數來呼叫函數，並傳回呼叫結果。但是如果該命令不存在，則會拋出 TypeError。

這是您可以建立的命令調度器的基本內容。其他更進階的調度器可能會執行諸如型別檢查之類的操作，這會驗證引數是否符合某個原始型別，或者物件是否遵循適當的形狀，並且會一般性的拋出錯誤，以使命令的方法程式碼不用去做這件事。

這兩種樣式必定有助您的應用程式，但介面可以更加精簡。

全部放在一起

對於 JavaScript 應用程式而言，我們經常考慮使用外部服務來執行工作。例如，我們可能會對資料庫發出一個呼叫，或者可能發出 HTTP 請求。當這種情況發生時，我們需要等待回應發生。理想情況下，我們可以提供回呼或將此查找視為 promise，儘管 web worker 訊息傳遞介面並沒有讓這一切變得簡單，但我們絕對可以手動方式來建構它。

在 web worker 中擁有一個更為對稱的介面也很好，也許透過使用非同步函數，其中解析的值會自動發送回進行呼叫的環境，而無需在程式碼內部手動呼叫 postMessage()。

在本節中，您將做到這一點。您將結合 RPC 樣式和命令調度器樣式，最終會得到一個介面，該介面使得您在使用 web worker 時，就像在使用您可能更為熟悉的其他外部程式庫一樣。這個範例使用了一個專用 worker，但同樣的事情可以用共享 worker 或 service worker 來建構。

首先，請建立一個名為 *ch2-patterns/* 的新目錄來存放您要建立的檔案。首先在這裡建立另一個名為 *index.html* 的基本 HTML 檔案，裏面包含了範例 2-12 的內容。

範例 *2-12 ch2-patterns/index.html*

```html
<html>
 <head>
   <title>Worker Patterns</title>
   <script src="rpc-worker.js"></script>
   <script src="main.js"></script>
 </head>
</html>
```

這次的檔案載入了兩個 JavaScript 檔案。第一個是一個新程式庫，第二個是主要的 JavaScript 檔案，而您現在即將建立它。請建立一個名為 *main.js* 的檔案，並將範例 2-13 的內容添加到其中。

範例 *2-13 ch2-patterns/main.js*

```javascript
const worker = new RpcWorker('worker.js');

Promise.allSettled([
  worker.exec('square_sum', 1_000_000),
  worker.exec('fibonacci', 1_000),
  worker.exec('fake_method'),
  worker.exec('bad'),
]).then(([square_sum, fibonacci, fake, bad]) => {
  console.log('square sum', square_sum);
  console.log('fibonacci', fibonacci);
```

```
  console.log('fake', fake);
  console.log('bad', bad);
});
```

此檔案代表了使用這些新設計樣式的應用程式的程式碼。首先，建立了一個 worker 實例，但不是透過呼叫您迄今為止一直在使用的 web worker 類別的其中之一建立的；相反的，程式碼實例化了一個新的 RpcWorker 類別。我們很快就會定義這個類別。

之後，透過呼叫 worker.exec 來對不同的 RPC 方法進行了四次呼叫。第一個是對 square_sum 方法的呼叫，第二個是對 fibonacci 方法的呼叫，第三個是呼叫一個名為 fake_method 的不存在方法，第四個是呼叫一個名為 bad 的失敗處理方法。第一個引數是方法的名稱，後面的所有引數最終都會成為傳遞給方法的引數。

exec 方法傳回一個 promise，如果運算成功的話，它將解析這個 promise，否則將拒絕。考慮到這一點，每個 promise 都被包裝成一個 Promise.allSettled() 呼叫。這將執行所有 promise，然後在每個完成後繼續執行——無論成功或失敗。之後，列印每個運算的結果。allSettled() 的結果包括了具有 status 字串屬性的物件陣列，以及取決於成功或失敗而使用的 value 或 reason 屬性。

接下來，請建立一個名為 *rpc-worker.js* 的檔案，並將範例 2-14 的內容添加到其中。

範例 *2-14 ch2-patterns/rpc-worker.js*（第一部分）

```
class RpcWorker {
  constructor(path) {
    this.next_command_id = 0;
    this.in_flight_commands = new Map();
    this.worker = new Worker(path);
    this.worker.onmessage = this.onMessageHandler.bind(this);
  }
}
```

檔案的第一部分啟動了 RpcWorker 類別並定義建構子函數，在建構子函數中初始化了一些屬性。首先，將 next_command_id 設置為零，此值被用作 JSON-RPC- 樣式的遞增訊息標識符，這用於將請求和回應物件建立關聯。

接下來，名為 in_flight_commands 的屬性被初始化為空的 Map，這包含了由命令 ID 所鍵控的條目，用了一個包含了 promise 的解析和拒絕函數的值。此映射的大小會隨著發送給 worker 的平行訊息的數量而增大，並隨著關聯訊息的傳回而縮小。

在那之後，一個專用 worker 被實例化並指派給 worker 屬性，這個類別有效的封裝（encapsulate）了一個 Worker 實例。之後，worker 的 onmessage 處理程式被配置為呼叫該類別的 onMessageHandler（定義在下一段程式碼中）。RpcWorker 類別並沒有擴展（extend）Worker，因為它並不真正想暴露底層的 web worker 的功能，而是建立一個全新的介面。

透過添加範例 2-15 中的內容來繼續修改該檔案。

範例 2-15 ch2-patterns/rpc-worker.js（第二部分）

```
onMessageHandler(msg) {
  const { result, error, id } = msg.data;
  const { resolve, reject } = this.in_flight_commands.get(id);
  this.in_flight_commands.delete(id);
  if (error) reject(error);
  else resolve(result);
}
```

檔案裏的這一塊定義了 onMessageHandler 方法，該方法在專用 worker 發布訊息時執行。此程式碼假設有一類似 JSON-RPC 的訊息從 web worker 傳遞到進行呼叫的環境，因此，它首先從回應中淬取 result、error，和 id 值。

接下來，它查詢 in_flight_commands 映射以找到匹配的 id 值、檢索適當的拒絕與解析函數，和從程序中的列表中刪除條目。如果提供了 error 值，則認為運算失敗，並使用錯誤值呼叫 reject() 函數；否則，將使用運算結果呼叫 resolve() 函數。請注意，這裏並不支援拋出錯誤的值。

對於此程式庫的產出就緒版本，您也會想要支援這些運算的超時（timeout）值。理論上，錯誤可能會以這種方式被拋出，不然 promise 永遠不會在 worker 中解決，而且進行呼叫的環境會想要拒絕 promise，並從映射中清除資料。否則應用程式可能最終會出現記憶體洩漏。

最後，透過添加範例 2-16 中剩餘的內容來完成這個檔案。

範例 2-16 ch2-patterns/rpc-worker.js（第三部分）

```
exec(method, ...args) {
  const id = ++this.next_command_id;
  let resolve, reject;
  const promise = new Promise((res, rej) => {
    resolve = res;
    reject = rej;
  });
```

```
    this.in_flight_commands.set(id, { resolve, reject });
    this.worker.postMessage({ method, params: args, id });
    return promise;
  }
}
```

檔案的最後一塊定義了 `exec()` 方法，當應用程式想要在 web worker 中執行方法時會呼叫該方法。其中發生的第一件事是產生一個新的 `id` 值。接下來，將建立一個 promise，此 promise 稍後將由該方法傳回。promise 的 `reject` 和 `resolve` 函數被拉出並添加到 `in_flight_commands` 映射中，且與 `id` 值相關聯。

在那之後，會向 worker 發布一則訊息。傳遞給 worker 的物件是一個大致遵循 JSON-RPC 形狀的物件。它包含 `method` 屬性、作為陣列中剩餘引數的 `params` 屬性，以及為此特定命令執行所產生的 `id` 值。

這是一種相當常見的樣式，可用於將傳出的非同步訊息與傳入的非同步訊息相關聯。如果您需要進行像是將訊息放入網路佇列，並在稍後接收訊息這樣的事，您可能會發現自己正在實作類似的樣式。但是，同樣的，它確實可能對記憶體有影響。

處理好 RPC worker 檔案後，您就可以建立最後一個檔案了。請建立一個名為 *worker.js* 的檔案，並在其中添加範例 2-17 的內容。

範例 *2-17 ch2-patterns/worker.js*

```
const sleep = (ms) => new Promise((res) => setTimeout(res, ms)); ❶

function asyncOnMessageWrap(fn) { ❷
  return async function(msg) {
    postMessage(await fn(msg.data));
  }
}

const commands = {
  async square_sum(max) {
    await sleep(Math.random() * 100); ❸
    let sum = 0; for (let i = 0; i< max; i++) sum += Math.sqrt(i);
    return sum;
  },
  async fibonacci(limit) {
    await sleep(Math.random() * 100);
    let prev = 1n, next = 0n, swap;
    while (limit) { swap = prev; prev = prev + next; next = swap; limit--; }
    return String(next); ❹
  },
  async bad() {
```

```
    await sleep(Math.random() * 10);
    throw new Error('oh no');
  }
};

self.onmessage = asyncOnMessageWrap(async (rpc) => { ❺
  const { method, params, id } = rpc;

  if (commands.hasOwnProperty(method)) {
    try {
      const result = await commands[method](...params);
      return { id, result }; ❻
    } catch (err) {
      return { id, error: { code: -32000, message: err.message }};
    }
  } else {
    return { ❼
      id, error: {
        code: -32601,
        message: `method ${method} not found`
      }
    };
  }
});
```

❶ 為方法添加人為的減速。

❷ 將 onmessage 轉換為非同步函數的基本包裝器。

❸ 人為的隨機減速被添加到命令中。

❹ BigInt 結果被強制轉換為對 JSON 友善的字串值。

❺ 注入了 onmessage 包裝器。

❻ 成功解析了類似 JSON-RPC 的訊息。

❼ 如果方法不存在,則拒絕類似 JSON-RPC 的錯誤訊息。

這個檔案有很多事情要做。首先,sleep 函數只是 setTimeout() 的一個 promise 等效版本。asyncOnMessageWrap() 是一個可以包裝非同步函數並被指派給 onmessage 處理程式的函數。這樣可以很方便的取出傳入訊息的資料屬性、將它傳遞給函數、等待結果,然後將結果傳遞給 postMessage()。

在那之後，之前的 commands 物件已經傳回。不過，這一次添加了人為超時，並將函數製作為非同步函數。這樣讓這些方法可以模擬一個緩慢的非同步程序。

最後，使用包裝函數來指派 onmessage 處理程式。它裡面的程式碼會接收傳入的類 JSON-RPC 訊息，並淬取 message、params 和 id 屬性。和以前非常相似，查詢 commands 集合以查看它是否具有該方法。如果沒有，則返回類似 JSON-RPC 的錯誤。-32601 這個值是 JSON-RPC 定義的魔術數字，用於表示不存在的方法。當命令確實存在時，執行命令方法，然後將解析的值強制轉換為類似 JSON-RPC 的成功訊息並傳回。如果命令拋出，則傳回一個不同的錯誤，用的是另一個 JSON-RPC 魔術數字 -32000。

建立檔案後，切換到瀏覽器並開啟檢查器。然後，在 *ch2-patterns/* 目錄中使用以下命令再次啟動 web 伺服器：

```
$ npx serve .
```

接下來，切換回瀏覽器並貼上它輸出的 URL。您不會在網頁上看到任何有趣的內容，但在控制台中您應該會看到以下訊息：

```
square sum   { status: "fulfilled", value: 666666166.4588418 }
fibonacci    { status: "fulfilled", value: "4346655768..." }
fake         { status: "rejected", reason: { code: -32601,
               message: "method fake_method not found" } }
bad          { status: "rejected", reason: { code: -32000,
               message: "oh no" } }
```

在這種情況下，您可以看到 square_sum 和 fibonacci 的呼叫都成功結束，而 fake_method 命令導致失敗。更重要的是，在幕後，對方法的呼叫會以不同的順序解析，但由於遞增的 id 值，回應總是會與其請求正確關聯。

## 第三章

Node.js

在瀏覽器之外，只有一個 JavaScript 執行時期（runtime）值得注意，那就是 Node.js.[1] 雖然它最初是當作平台使用，強調伺服器中的單執行緒並行，並帶有連續傳遞風格（continuation-passing style）的回呼，但為了讓它成為一般用途的程式，設計平台付出了很大的努力。

Node.js 程式所執行的許多任務，並不適合用來進行其傳統使用案例諸如服務 web 請求或處理網路連結。相反的，許多較新的 Node.js 程式是命令行工具，用來為 JavaScript 建構系統或其中的一部分。此類程式通常在 I/O 運算上很繁重，就像伺服器一樣，但它們通常也會進行大量資料處理。

例如，像 Babel（*https://babeljs.io*）和 TypeScript（*https://typescriptlang.org*）這樣的工具，會將您的程式碼從一種語言（或語言版本）轉換為另一種語言。Webpack（*https://webpack.js.org*）、Rollup（*https://rollupjs.org*）和 Parcel（*https://parceljs.org*）等工具將捆包（bundle）並縮小您的程式碼，以分發到您的 web 前端或載入時間至關重要的其他環境，像是無伺服器（serverless）環境。在這種情況下，雖然有很多檔案系統 I/O 正在進行，但也會有大量資料處理，而這些處理通常是同步完成的。在這些情況下，平行性會很好用，而且可以更快的完成工作。

平行性在 Node.js 的原始使用案例（伺服器）中也很有用。資料處理可能會常常發生，取決於您的應用程式。例如，伺服器端渲染（server side rendering, SSR）涉及大量字串運算，而其中的來源資料是已知的。這是我們想要為我們的解決方案添加平行性的眾多範例之一。第 176 頁的「何時使用」檢視了一種平行性可以改善樣板渲染時間的情況。

---

[1] 是的，還存在著其他非瀏覽器的 JavaScript 執行時期，例如 Deno，但 Node.js 在撰寫本文時具有巨大的流行度和市場佔有率，因此它是唯一值得在這裡討論的。這可能會在您閱讀本文時發生變化，但這對 JavaScript 世界來說非常棒！希望本書會有一個更新的版本，涵蓋您選擇的非瀏覽器 JavaScript 執行時期。

今天，我們有著 worker_threads 來平行化我們的程式碼。情況並非總是如此，但這並不意味著我們會受限於單執行緒並行。

執行緒出現之前

在 Node.js 中提供執行緒之前，如果您想利用 CPU 核心的優勢的話，您需要使用程序。正如第一章所討論的，如果我們使用程序，我們將無法從執行緒中獲得一些好處。話雖如此，如果共享記憶體不重要（而且在許多情況下的確不重要！），那麼程序就完全能夠為您解決這類問題。

參考第一章中的圖 1-1。在這種情況下，我們有執行緒會回應從主執行緒發送給它們的 HTTP 請求，其中主執行緒正在某一連接埠進行偵聽。雖然這個概念非常適合處理來自多個 CPU 核心的流量，但我們也可以使用程序來達成類似的效果。這可能類似於圖 3-1。

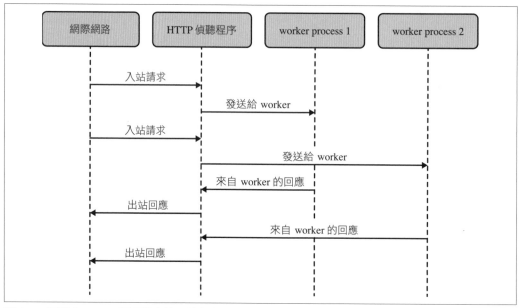

圖 3-1　可能在 HTTP 伺服器中使用的程序

雖然我們可以使用 Node.js 中的 child_process API 來做這樣的事情，但我們最好使用 cluster，它是專門為此案例的目的而建構的，該模組的目的是在多個 worker 程序之間散播網路流量。讓我們繼續在一個簡單的「Hello, World」範例中使用它。

範例 3-1 中的程式碼是 Node.js 中的標準 HTTP 伺服器。無論請求的路徑或方法如何，它都會簡單的用「Hello, World!」後面跟著一個換行字元來回應任何請求。

範例 3-1 *Node.js 中的「Hello, World」伺服器*

```
const http = require('http');

http.createServer((req, res) => {
  res.end('Hello, World!\n');
}).listen(3000);
```

現在，讓我們用 cluster 來添加四個程序。對於 cluster 模組來說，常見的方法是使用 if 區塊來偵測我們是處於主偵聽程序還是其中一個 worker 程序。如果在主程序中，那麼必須進行產生 worker 程序的工作；否則，我們只是像以前一樣在每個 worker 中設置一個普通的 web 伺服器。這應該看起來會像是範例 3-2。

範例 3-2 *Node.js 中使用 cluster 的「Hello, World」伺服器*

```
const http = require('http');
const cluster = require('cluster'); ❶

if (cluster.isPrimary) { ❷
  cluster.fork(); ❸
  cluster.fork();
  cluster.fork();
  cluster.fork();
} else {
  http.createServer((req, res) => {
    res.end('Hello, World!\n');
  }).listen(3000); ❹
}
```

❶ require cluster 模組。

❷ 根據我們是否在主程序中更改程式碼路徑。

❸ 在主程序中，建立四個 worker 程序。

❹ 在 worker 程序中，建立一個 web 伺服器並進行偵聽，如範例 3-1 所示。

您可能會注意到，我們正在建立會在四個不同程序中偵聽同一個連接埠的 web 伺服器，這似乎是一種錯誤。畢竟，如果我們嘗試將伺服器綁定到一個已經被使用的連接埠時，我們通常都會得到一個錯誤。不過別擔心！我們實際上並沒有在同一個連接埠上進行四次的偵聽。事實證明，Node.js 在 cluster 中為我們展現了一些魔法。

在群集（cluster）中設置 worker 程序時，任何對 listen() 的呼叫實際上都會導致 Node.js 去偵聽主程序而不是 worker 程序。然後，一旦在主程序中接收到連結時，它就會透過 IPC 傳遞給 worker 程序。在大多數系統上，這是以輪流（round-robin）的方式進行的。這個有點複雜的系統，是每個 worker 要怎麼看起來像是在偵聽同一個連接埠，但實際上只有主程序在偵聽該連接埠，並將連結傳遞給所有的 worker。

> 歷史上，cluster 上的 isPrimary 屬性曾經被稱為 isMaster，而出於相容性原因，在撰寫本文時它仍然是以別名方式存在著。此更改是在 Node. js v16.0.0 中導入的。
>
> 進行此更改是為了減少 Node.js 中潛在的有害語言的數量。該專案旨在成為一個熱情友好的社群，這種具有特定用法且植根於奴隸制歷史的詞語與該目標背道而馳。

程序會產生一些執行緒並不會產生的額外開銷，我們也不會獲得共享記憶體，這將有助於更快地傳輸資料。為此，我們需要 worker_threads 模組。

worker_thread 模組

Node.js 對執行緒的支援，位於一個名為 worker_threads 的內建模組中。它為執行緒提供了一個介面，而這些執行緒則模仿了您會在 web worker 的 web 瀏覽器中找到的許多東西。由於 Node.js 不是 web 瀏覽器，因此並非所有 API 都相同，並且這些 worker 執行緒內部的環境，與您在 web worker 執行緒中所發現的環境不同。

相反的，在 Node.js 工作執行緒中，您可以透過 require 找到常用的 Node.js API，如果您使用 ESM，則可以使用 import。不過與主執行緒相比，API 有一些不同：

- 您不能使用 process.exit() 來退出程式，這只會退出執行緒。
- 您不能使用 process.chdir() 來更改工作目錄。事實上，這個功能甚至是無法使用的。
- 您不能使用 process.on() 來處理信號。

另一個需要注意的重要事項是 libuv worker 池是跨 worker 執行緒而共享的。回想一下第 9 頁的「隱藏執行緒」，其中指出 libuv 執行緒池預設包含四個執行緒，用於建立低階阻擋式 API 的非阻擋式介面。如果您發現自己受限於該執行緒池的大小（例如，由於大量的檔案系統 I/O），您會發現透過 worker_threads 來添加更多執行緒並不會減輕負載。相反的，除了考慮各種快取解決方案和其他的優化之外，還可以考慮加大 UV_THREAD POOL_SIZE。同樣的，您可能會發現，在透過 worker_threads 模組來添加 JavaScript 執行緒時，您別無選擇只能增加此值，因為它們使用了 libuv 執行緒池。

還有其他的注意事項，因此您應該查看一下 Node.js 說明文件（*https://oreil.ly/CYxtz*），以獲取您所使用的特定 Node.js 版本的完整差異列表。

您可以使用 Worker 建構子函數建立一個新的 worker 執行緒，如範例 3-3 所示。

範例 3-3. 在 Node.js 中產生新的 worker 執行緒

```
const { Worker } = require('worker_threads');

const worker = new Worker('/path/to/worker-file-name.js'); ❶
```

❶ 這裡的檔案名稱，是我們要在 worker 執行緒中執行的進入點（entrypoint）檔案。這類似於主檔案中的進入點，也就是我們在命令行中指定給 node 的參數。

workerData

僅僅能夠建立一個 worker 執行緒是不夠的。我們需要與它進行互動！ Worker 建構子函數接受第二個引數，是一個 options 物件，它除了其他功能外，還允許我們指定一組要立即傳遞給 worker 執行緒的資料。options 物件屬性稱為 workerData，其內容將透過附錄中描述的方式複製到 worker 執行緒中。在執行緒內部，我們可以透過 worker_threads 模組的 workerData 屬性來存取複製的資料。您可以在範例 3-4 中看到它是如何運作的。

範例 3-4. 透過 workerData 將資料傳遞給 worker 執行緒

```
const {
  Worker,
  isMainThread,
  workerData
} = require('worker_threads');
const assert = require('assert');
if (isMainThread) { ❶
  const worker = new Worker(__filename, { workerData: { num: 42 } });
} else {
  assert.strictEqual(workerData.num, 42);
}
```

❶ 我們可以使用 __filename 來代表目前檔案，並根據 isMainThread 來切換行為，而不是為 worker 執行緒使用不同的檔案。

需要注意的是，workerData 物件的屬性是複製的（*cloned*），而不是在執行緒之間共享。與 C 不同的是，JavaScript 執行緒中的共享記憶體，並不意味著所有變數都是可見的。這表示您在該物件中所做的任何更改，在其他的執行緒中都是不可見的。它們是分別的物件。話雖如此，您可以透過 SharedArrayBuffer 在執行緒之間共享記憶體。我們可以透過 workerData 來共享或透過 MessagePort 來發送，這將在下一節中介紹。此外，第 4 章會深入介紹 SharedArrayBuffer。

MessagePort

MessagePort 是雙向資料串流的一端。預設情況下，會為每個 worker 執行緒提供一個 MessagePort，以提供進出主執行緒的通訊頻道。它在 worker 執行緒中以 worker_threads 模組的 parentPort 屬性來提供使用。

要透過連接埠發送訊息，需要在其上呼叫 postMesage() 方法。第一個引數是可以傳遞的任何物件，如附錄中所述，最終將是傳遞到連接埠另一端的訊息資料。當在連接埠上接收到訊息時，將會觸發 message 事件，而訊息資料將是事件處理函數的第一個引數。在主執行緒中，事件和 postMessage() 方法是附加在 worker 實例本身上，而不必從 MessagePort 實例中獲取它們。範例 3-5 顯示了一個簡單的例子，其中發送到主執行緒的訊息被回響（echo）到 worker 執行緒。

範例 3-5. 透過預設的 MessagePorts 進行雙向通訊

```
const {
  Worker,
  isMainThread,
  parentPort
} = require('worker_threads');

if (isMainThread) {
  const worker = new Worker(__filename);
  worker.on('message', msg => {
    worker.postMessage(msg);
  });
} else {
  parentPort.on('message', msg => {
    console.log('We got a message from the main thread:', msg);
  });
  parentPort.postMessage('Hello, World!');
}
```

您還可以建立一對透過 MessageChannel 建構子函數來相互連結的 MessagePort 實例。然後，您可以透過現有的訊息連接埠（像是預設的連接埠）或透過 workerData 來傳遞其中一個連接埠。當需要通訊的兩個執行緒都不是主執行緒，或者甚至只是出於組織性目的之情況下，您可能會想要這樣做。範例 3-6 和前面的範例一樣，除了它使用了透過 MessageChannel 來建立並透過 workerData 來傳遞的連接埠之外。

範例 3-6. 透過使用 *MessageChannel* 建立的 MessagePort 來進行雙向通訊

```
const {
  Worker,
  isMainThread,
  MessageChannel,
  workerData
} = require('worker_threads');

if (isMainThread) {
  const { port1, port2 } = new MessageChannel();
  const worker = new Worker(__filename, {
    workerData: {
      port: port2
    },
    transferList: [port2]
  });
  port1.on('message', msg => {
    port1.postMessage(msg);
  });
} else {
  const { port } = workerData;
  port.on('message', msg => {
    console.log('We got a message from the main thread:', msg);
  });
  port.postMessage('Hello, World!');
}
```

您會注意到我們在實例化 Worker 時使用了 transferList 選項，這是一種將物件的所有權從一個執行緒轉移到另一個執行緒的方法。當透過 workerData 或 postMessage 發送任何 MessagePort、ArrayBuffer 或 FileHandle 物件時，這是必需的。一旦這些物件被傳輸後，它們就不能再在發送端使用。

在 Node.js 的更新版本中，可以使用 Web 超文本應用技術工作組 (Web Hypertext Application Technology Working Group, WHATWG) 的 ReadableStream 和 WritableStream。您可以在 Node.js 說明文件 (*https://oreil.ly/TRJf0*) 和一些 API 的使用中瞭解有關它們的更多資訊。它們可以透過 MessagePorts 上的 transferList 來進行傳輸，以建立另一種跨執行緒通訊方式。在幕後，它們是使用 MessagePort 來實作的，以用來發送資料。

Happycoin：重溫舊夢

既然我們已經瞭解了在 Node.js 中產生執行緒並讓它們相互通訊的基礎知識，我們就可以用 Node.js 來重建第 10 頁的「C 的執行緒：透過 Happycoin 致富」範例。

回想一下，Happycoin 是我們想像出來的加密貨幣，它有一個完全荒謬的工作量證明演算法，如下所示：

1. 產生一個隨機的無正負號 64 位元整數。

2. 判斷此整數是否是快樂的。

3. 如果不快樂，那就不是 Happycoin。

4. 如果不能被 10000 整除，就不是 Happycoin。

5. 否則，它就是一個 Happycoin。

就像我們在 C 中所做的那樣，我們將首先製作一個單執行緒版本，然後再調整程式碼以在多執行緒上執行。

只有主執行緒

讓我們從產生亂數（random number）開始。首先，讓我們在名為 *ch3-happycoin/* 的目錄中建立一個名為 *happycoin.js* 的檔案，並填入範例 3-7 的內容。

範例 *3-7 ch3-happycoin/happycoin.js*

```
const crypto = require('crypto');

const big64arr = new BigUint64Array(1)
function random64() {
  crypto.randomFillSync(big64arr);
  return big64arr[0];
}
```

Node.js 中的 crypto 模組提供了一些方便的函數，來取得在加密上是安全的亂數。我們當然會想要它，因為畢竟我們正在建構一種加密貨幣！幸運的是，這件事不會像在 C 裏面那樣痛苦。

randomFillSync 函數用隨機資料填充一給定的 TypedArray，由於我們只尋找一個 64 位元無正負號整數，我們可以使用 BigUint64Array。這個特殊的 TypedArray 及其表親 BigInt64Array 是最近才添加到 JavaScript 的，這件事變成可能，是因為有了新的 bigint 型別用來儲存任意大整數，在我們用隨機資料填充它之後，會傳回這個陣列的第一個（也是唯一一個）元素，為我們提供了我們正在尋找的隨機 64 位元無正負號整數。

現在讓我們來添加對快樂數字的計算。請將範例 3-8 的內容添加到您的檔案中。

範例 *3-8 ch3-happycoin/happycoin.js*

```javascript
function sumDigitsSquared(num) {
  let total = 0n;
  while (num >0) {
    const numModBase = num % 10n;
    total += numModBase ** 2n;
    num = num / 10n;
  }
  return total;
}

function isHappy(num) {
  while (num != 1n && num != 4n) {
    num = sumDigitsSquared(num);
  }
  return num === 1n;
}

function isHappycoin(num) {
  return isHappy(num) && num % 10000n === 0n;
}
```

這三個函數：sumDigitsSquared、isHappy 和 isHappycoin 是第 10 頁上的「C 的執行緒：透過 Happycoin 致富」中對應的 C 函數的直接翻譯版本。如果您不熟悉 bigint，您可能會注意到的一件事是，在此程式碼中的所有實字（literal）後的 n 字尾。這個字尾告訴 JavaScript 這些數字將被視為 bigint 值，而不是 number 型別的值。這很重要，因為雖然這兩種型別都支援 +、-、** 等數學運算子，但如果不進行外顯式轉換，它們就無法交互運作。例如，1+1n 將是無效的，因為它試圖將 number 1 和 bigint 1 相加。

讓我們透過實作我們的 Happycoin 挖礦迴圈，並輸出所找到的 Happycoin 的數量來完成這個檔案。請將範例 3-9 添加到您的檔案中。

範例 *3-9 ch3-happycoin/happycoin.js*

```
let count = 0;
for (let i = 1; i< 10_000_000; i++) {
  const randomNum = random64();
  if (isHappycoin(randomNum)) {
    process.stdout.write(randomNum.toString() + ' ');
    count++;
  }
}

process.stdout.write('\ncount ' + count + '\n');
```

這裡的程式碼和我們在 C 中所做的非常相似，我們執行了 10,000,000 次迴圈，得到一個亂數並檢查它是否是一個 Happycoin。如果是的話，我們再將其列印出來。請注意，我們在這裡沒有使用 `console.log()`，因為我們不想在找到的每個數字後面插入換行字元。相反的，我們想要加上空格，所以我們直接寫入輸出串流。當我們在迴圈後輸出計數時，我們需要在輸出的開頭添加一個換行字元，以把它與上面的數字分開。

要執行此程式，請在 *ch3-happycoin* 目錄中使用以下命令：

```
$ node happycoin.js
```

您的輸出應該與在 C 中的輸出完全相同。也就是說，它應該如下所示：

```
5503819098300300000 ...  [ 125 more entries ] ... 5273033273820010000
count 127
```

這比 C 的範例需要更長的時間。在普通機器上，使用 Node.js v16.0.0 大約需要 1 分 45 秒。

為何這裏需要更長的時間有多種原因。在建構應用程式和優化性能時，重要的是要弄清楚效能的額外負擔的來源是什麼。是的，一般來說，JavaScript 通常「比 C 慢」，但僅憑這一點並不能解釋這種巨大的差異。沒錯，我們將在下一節中把它拆分為多個 worker 執行緒，並獲得更好的效能，但是正如您將看到的，與 C 的範例相比，這還不足以讓此實作方式具有吸引力。

關於這一點，讓我們看看當我們使用 `worker_threads` 來拆分負載時會是什麼樣子。

使用四個 worker 執行緒

要添加 worker 執行緒,我們將從我們手上已經有的程式碼開始,將 *happycoin.js* 的內容複製到 *happycoin-threads.js* 中,然後將範例 3-10 的內容插入到檔案的最開頭,放在現有內容之前。

範例 3-10 ch3-happycoin/happycoin-threads.js

```
const {
  Worker,
  isMainThread,
  parentPort
} = require('worker_threads');
```

我們將會需要 `worker_threads` 模組的這些部分,因此我們在開始時 `require` 它們。現在,把從 `let count = 0;` 開始到檔案結尾的所有內容換成範例 3-11 中的內容。

範例 3-11 ch3-happycoin/happycoin-threads.js

```
const THREAD_COUNT = 4;

if (isMainThread) {
  let inFlight = THREAD_COUNT;
  let count = 0;
  for (let i = 0; i< THREAD_COUNT; i++) {
    const worker = new Worker(__filename);
    worker.on('message', msg => {
      if (msg === 'done') {
        if (--inFlight === 0) {
          process.stdout.write('\ncount ' + count + '\n');
        }
      } else if (typeof msg === 'bigint') {
        process.stdout.write(msg.toString() + ' ');
        count++;
      }
    })
  }
} else {
  for (let i = 1; i< 10_000_000/THREAD_COUNT; i++) {
    const randomNum = random64();
    if (isHappycoin(randomNum)) {
      parentPort.postMessage(randomNum);
    }
  }
  parentPort.postMessage('done');
}
```

我們在這裡用 if 區塊來分割行為。如果我們在主執行緒上，我們會使用目前的檔案來啟動四個 worker 執行緒，請記住，__filename 是一個包含目前的檔案的路徑和名稱的字串。然後我們為該 worker 添加一個訊息處理程式，在訊息處理程式中，如果訊息是 done 的話，那麼 worker 已經完成了它的工作；如果所有其他 worker 也都完成了，那麼我們將輸出計數；如果訊息是一個數字，或者更準確地說是一個 bigint，那麼我們會假設它是一個 Happycoin，然後我們會將它列印出來並將其加到計數中，就像在單執行緒範例中所做的那樣。

在 if 區塊的 else 那一邊，我們正在其中一個 worker 執行緒中執行。在這裡，我們將執行與單執行緒範例中相同類型的迴圈，只是這邊只會執行先前 1/4 的迴圈次數，因為我們在四個執行緒中執行相同的工作。此外，我們不是直接寫入到輸出串流，而是透過提供給我們的 MessagePort（稱為 parentPort）將找到的 Happycoin 發送回主執行緒。我們已經為此在主執行緒上設置了處理程式。當迴圈退出時，我們會在 parentPort 上發送一個 done，來指示主執行緒不會在這個執行緒上找到更多的 Happycoin 了。

我們可以馬上就將 Happycoin 列印到輸出去，但就像 C 的範例一樣，我們不希望不同的執行緒在輸出中彼此破壞，因此我們需要同步（synchronize）。第 4 章和第 5 章中會介紹更進階的同步技術，但現在只需透過 parentPort 將資料發送回主執行緒，並讓主執行緒處理輸出就足夠了。

現在我們已經為這個範例添加了執行緒，您可以在 ch3-happycoin 目錄中使用以下命令執行它：

```
$ node happycoin-threads.js
```

您應該會看到如下所示的輸出：

```
17241719184686550000 ... [ 137 more entries ] ... 17618203841507830000
count 139
```

與 C 的範例一樣，此程式碼的執行速度要快得多。在與單執行緒範例相同的電腦和 Node.js 版本上進行的測試中，它執行了大約 33 秒。這是對單執行緒範例的巨大改進，這是執行緒的另一個重大勝利！

 這不是將此類問題進行拆分並以執行緒來的計算的唯一方法。例如，我們可以使用其他同步技術來避免在執行緒之間傳遞資料，或者可以批次處理訊息。請務必進行測試和比較，以確定執行緒是否是一種理想的解決方案，以及哪種執行緒技術最適用於您的問題，而且會最有效率。

使用 Piscina 建立 worker 池

許多類型的工作負載天生就適合使用執行緒。在 Node.js 中，大多數工作負載都涉及處理 HTTP 請求。如果在該程式碼中，您發現自己在進行大量數學運算或同步資料處理的話，那麼將這些工作卸載到一個或多個執行緒可能是合理的作法。這些類型的操作涉及向執行緒提交單一任務並等待其結果，和使用執行緒的 web 伺服器通常的工作方式大致相同，維護一個可以從主執行緒發送各種任務的 worker 執行緒池是有意義的。

本節僅對執行緒池進行淺顯的檢視，並改編我們熟悉的 Happycoin 應用程式，以及使用套件來抽象化池的運作機制。第 121 頁的「執行緒池」廣泛涵蓋了執行緒池，並會從頭開始建構一個實作版本。

 池化資源的概念並不是執行緒獨有的。例如，web 瀏覽器通常會建立到 web 伺服器的接口（socket）連結池，以便它們可以對透過這些連結，來渲染網頁時所需要的所有各式 HTTP 請求進行多工（multiplex）。資料庫客戶端程式庫通常對連接到資料庫伺服器的接口執行類似的動作。Node.js 有一個方便的模組，稱為 *generic-pool*（*https://oreil.ly/2a6ua*），它是一個用於處理任意池化資源的輔助模組。這些資源可以是任何東西，比如資料庫連結、其他接口、本地快取、執行緒，或者幾乎任何其他可能需要擁有多個實例，但一次只能存取一個實例（但不關心是哪一個）的東西。

對於將離散任務發送到 worker 執行緒池的這種使用案例而言，我們可以使用 *piscina*（*https://oreil.ly/0p8zi*）模組。該模組把設置一堆 worker 執行緒並為其配置任務的工作進行封裝，其名稱來自意大利語中的「pool」。

基本用法很簡單，您建立 `Piscina` 類別的一個實例，並傳入一個將在 worker 執行緒中使用的檔案名稱。在幕後，會建立一個 worker 執行緒池，並會設置一個佇列來處理傳入的任務。您可以透過呼叫 `.run()` 將任務排入佇列，傳入一個包含完成此任務所需的所有資料的值，並注意這些值將會像使用 `postMessage()` 一樣被複製。這將傳回一個 promise，一旦 worker 完成任務後，該 promise 就會解決，並給出結果值。在要在 worker 中執行的檔案裡面，必須匯出一個函數，該函數會接受傳遞給 `.run()` 的任何內容並傳回結果值。此函數也可以是非同步函數，以便您可以在需要時在 worker 執行緒中執行非同步任務。在範例 3-12 中可以找到在 worker 執行緒中計算平方根的基本範例。

範例 3-12. 使用 *piscina* 計算平方根

```
const Piscina = require('piscina');

if (!Piscina.isWorkerThread) { ❶
  const piscina = new Piscina({ filename: __filename }); ❷
  piscina.run(9).then(squareRootOfNine => { ❸
    console.log('The square root of nine is', squareRootOfNine);
  });
}

module.exports = num => Math.sqrt(num); ❹
```

❶ 與 cluster 和 worker_threads 非常相似，piscina 提供了一個方便的布林值，來確定我們是在主執行緒中還是在 worker 執行緒中。

❷ 我們將使用和 Happycoin 範例中所用的相同的技術來使用相同的檔案。

❸ 由於 .run() 會傳回一個 promise，我們可以在其上呼叫 .then()。

❹ 在 worker 執行緒中使用匯出的函數來執行實際的工作。在此案例中，它只是計算平方根。

雖然在池的裏面執行一項任務很好，但我們需要能夠在池的裏面執行*許*多任務。假設要計算所有小於一千萬的數字的平方根，那麼就去執行一千萬次迴圈。我們也將用已經獲得數字結果的這種斷言（assertion）來替換日誌紀錄，因為日誌紀錄會非常混亂。請看範例 3-13。

範例 3-13. 用 piscina 計算一千萬個平方根

```
const Piscina = require('piscina');
const assert = require('assert');

if (!Piscina.isWorkerThread) {
  const piscina = new Piscina({ filename: __filename });
  for (let i = 0; i< 10_000_000; i++) {
    piscina.run(i).then(squareRootOfI => {
      assert.ok(typeof squareRootOfI === 'number');
    });
  }
}

module.exports = num => Math.sqrt(num);
```

這似乎應該會有效。我們正在提交一千萬個數字以供 worker 池來處理，但是，如果您執行此程式碼，您將得到不可恢復的 JavaScript 記憶體配置錯誤。在使用 Node.js v16.0.0 進行的一項試驗中，我們觀察到以下輸出。

```
FATAL ERROR: Reached heap limit Allocation failed
    - JavaScript heap out of memory
 1: 0xb12b00 node::Abort() [node]
 2: 0xa2fe25 node::FatalError(char const*, char const*) [node]
 3: 0xcf8a9e v8::Utils::ReportOOMFailure(v8::internal::Isolate*,
    char const*, bool) [node]
 4: 0xcf8e17 v8::internal::V8::FatalProcessOutOfMemory(v8::internal::Isolate*,
    char const*, bool) [node]
 5: 0xee2d65 [node]
[ ... 13 more lines of a not-particularly-useful C++ stacktrace ... ]
Aborted (core dumped)
```

這裡發生了什麼事呢？事實證明，底層的任務佇列並不是無限的。預設情況下，任務佇列會不斷增長，直到我們遇到這樣的配置錯誤。為了避免發生這種情況，我們需要設置一個合理的限制。piscina 模組允許您透過在其建構子函數中，使用 maxQueue 選項來設置一個限制，該選項可以設置為任何正整數。透過實驗，piscina 的維護者發現理想的 maxQueue 值是它所使用的 worker 執行緒數量的平方。您甚至可以在不知道它是多少的情況下，很方便的透過將 maxQueue 設置為 auto 來使用這個數字。

一旦我們建立了佇列大小的界限，我們需要能夠在佇列已滿時處理它。有兩種方法可以偵測佇列已經滿了：

1. 比較 piscina.queueSize 和 piscina.options.maxQueue 的值。如果它們相等，就代表佇列已滿。這可以在呼叫 piscina.run() 之前完成，以避免在它佇列已滿時嘗試加入。這是受到推薦的檢查方式。

2. 如果在佇列已滿時呼叫 piscina.run()，則傳回的 promise 將會拒絕並顯示佇列已滿的錯誤。這並不是理想的作法，因為此時我們已經處於事件迴圈的下一個步驟中，並且可能已經發生了許多其他的進入佇列的嘗試。

當我們知道佇列已滿時，我們需要一種方法來知道它何時可以再次為新任務做好準備。幸運的是，一旦佇列是空的，piscina 池就會發出一個 drain 事件，這當然是開始添加新任務的理想時間。在範例 3-14 中，我們將所有這些與提交任務的迴圈周圍的非同步函數全部放在一起。

範例 3-14. 用 *piscina* 計算千萬平方根，沒有當掉

```
const Piscina = require('piscina');
const assert = require('assert');
const { once } = require('events');

if (!Piscina.isWorkerThread) {
  const piscina = new Piscina({
    filename: __filename,
    maxQueue: 'auto' ❶
  });
  (async () => { ❷
    for (let i = 0; i< 10_000_000; i++) {
      if (piscina.queueSize === piscina.options.maxQueue) { ❸
        await once(piscina, 'drain'); ❹
      }
      piscina.run(i).then(squareRootOfI => {
        assert.ok(typeof squareRootOfI === 'number');
      });
    }
  })();
}
module.exports = num => Math.sqrt(num);
```

❶ maxQueue 選項設置為 auto，這會將佇列大小限制為 piscina 正在使用的執行緒數量的平方。

❷ for 迴圈包含在 async 的立即呼叫函數表達法（immediately invoked function expression, IIFE）中，以便在其中使用 await。

❸ 當此檢查為真時，代表佇列已滿。

❹ 然後我們在向佇列提交任何新任務之前等待 drain 事件。

執行此程式碼不會像以前那樣導致記憶體不足而當掉。完成它需要相當長的時間，但它最終會沒有問題的退出。

正如您所見，此處很容易陷入陷阱，也就是以看起來像是最明智的方式來使用工具並不是最好的方法。在建構多執行緒應用程式時，充分理解像 piscina 這樣的工具是很重要的。

關於這一點，讓我們看看當我們嘗試使用 piscina 來挖掘 Happycoin 時會發生什麼事。

充滿 Happycoin 的池

為了使用 piscina 來生產 Happycoin，我們將使用與我們在原始的 worker_threads 實作中所做的略有不同的方法。我們不會在每次獲得 Happycoin 時都收到一則訊息，而是將它們分批並在完成後立即發送。這種取捨節省了我們設置一個 MessageChannel 以將資料發送回主執行緒的工作；副作用是我們只能分批獲得結果，而不是在它們準備好後立即獲得結果。主執行緒仍將執行產生適當的執行緒並擷取所有結果的工作。

取捨

所有的程式設計都和取捨有關。多執行緒程式設計也不例外。事實上，您會在每一個轉折點找到取捨。在一個地方犧牲便利性通常會讓您在其他地方獲得效能的提升，反之亦然。有時，如果有一個運算稍微慢了一點，另一個運算就會明顯變快。

與所有事情一樣，衡量（*measure*）。您可以想盡辦法解決這個問題，但要知道您的取捨是否值得，最可靠的方法就是衡量。在各種條件下檢查您的程式碼，看看它的行為方式是否在所有重要方式上都是真正有益的。關鍵是，所謂重要的方式是取決於手頭上的問題、您對它的解讀，以及利益相關者的需求。

除了衡量之外，說明文件還可以為您省下未來數小時、數天甚至數週的挫折。畢竟做出取捨後，在接下來的幾個月中不確定是什麼導致了這個決定並開始質疑一切是很痛苦的。

首先，將您的 *happycoin-threads.js* 檔案複製到一個名為 *happycoin-piscina.js* 的新檔案中。我們將在這裡建構舊的 worker_threads 範例。現在用範例 3-15 來替換 require('crypto') 這行之前的所有內容。

範例 *3-15 ch3-happycoin/happycoin-piscina.js*

```
const Piscina = require('piscina');
```

是的，就是這樣！現在我們將討論更重要的內容。用範例 3-16 的內容替換 isHappycoin() 函數宣告之後的所有內容。

範例 *3-16 ch3-happycoin/happycoin-piscina.js*

```javascript
const THREAD_COUNT = 4;

if (!Piscina.isWorkerThread) { ❶
  const piscina = new Piscina({
    filename: __filename, ❷
    minThreads: THREAD_COUNT, ❸
    maxThreads: THREAD_COUNT
  });
  let done = 0;
  let count = 0;
  for (let i = 0; i< THREAD_COUNT; i++) { ❹
    (async () => {
      const { total, happycoins } = await piscina.run(); ❺
      process.stdout.write(happycoins);
      count += total;
      if (++done === THREAD_COUNT) { ❻
        console.log('\ncount', count);
      }
    })();
  }
}
```

❶ 使用 `isWorkerThread` 屬性來檢查是否在主執行緒中。

❷ 使用與之前相同的技術，使用同一個檔案來建立 worker 執行緒。

❸ 我們希望將執行緒數量限制為恰好四個，以匹配之前的範例。我們想要計時並看看會
發生什麼，所以堅持使用四個執行緒會減少這裡的變數的數量。

❹ 我們知道我們有四個執行緒，所以將把的任務排入佇列四次。一旦每個任務檢查了它
的 Happycoin 的亂數區段後，它們都會完成。

❺ 我們將任務提交到這個 async IIFE 中的佇列，以便它們都在同一個事件迴圈迭代中排
入佇列。別擔心，不會像以前那樣出現記憶體不足的錯誤，因為知道我們正好有四個
執行緒，而且只會將四個任務排入佇列。正如稍後將看到的，該任務會傳回輸出字串
以及執行緒找到的 Happycoin 總數。

❻ 就像在之前的 Happycoin 實作中所做的一樣，在輸出發現的 Happycoin 總數之前，我
們將檢查所有執行緒是否都完成了它們的任務。

接下來我們將添加範例 3-17 中的程式碼，它添加了在 `piscina` 的 worker 執行緒中使用的那個匯出的函數。

範例 3-17 ch3-happycoin/happycoin-piscina.js

```
module.exports = () => {
  let happycoins = '';
  let total = 0;
  for (let i = 0; i< 10_000_000/THREAD_COUNT; i++) { ❶
    const randomNum = random64();
    if (isHappycoin(randomNum)) {
      happycoins += randomNum.toString() + ' ';
      total++;
    }
  }
  return { total, happycoins }; ❷
}
```

❶ 我們在這裡進行典型的 Happycoin 狩獵迴圈，但與其他平行性範例一樣，會將總搜尋空間除以執行緒數量。

❷ 透過從這個函數傳回一個值，來將找到的 Happycoin 字串，和它們的總數傳回主執行緒。

要執行這個程式，如果您在之前的範例還沒有安裝 `piscina` 的話，則必須先安裝它。您可以在 *ch3-happycoin* 目錄中使用以下兩個命令來設置 Node.js 專案並添加 `piscina` 依賴項 (dependency)。然後可以使用第三行來執行程式碼：

```
$ npm init -y
$ npm install piscina
$ node happycoin-piscina.js
```

您應該看到與前面範例相同的輸出，不過會略有不同。您不會看到每個 Happycoin 一個接一個進來，而會看到它們大致會同時出現，或者分成四組。這是我們透過傳回整個字串，而不是一個一個的 Happycoin 所做的取捨。這段程式碼的執行時間應該與 *happycoin-threads.js* 大致相同，因為它使用相同的原理，但使用了 `piscina` 為我們提供的抽象層。

您可以看到我們沒有以典型的方式使用 `piscina`。我們不會向它傳遞大量最終需要細心的排入佇列的離散任務。這麼做的主要原因是效能。

例如，如果我們在主執行緒中有一個迴圈迭代了千萬次，每次都向佇列中添加另一個任務並 await 它的回應，它最終會像在主執行緒上同步執行所有程式碼一樣緩慢。我們無法等待回覆並盡快將內容添加到佇列中，但事實證明，傳遞 2,000 萬次訊息的額外負擔比簡單地傳遞 8 則訊息要大得多。

在處理原始資料（如數字或位元組串流）時，通常有更快的方法來使用 SharedArrayBuffers 在執行緒之間傳輸資料，而我們將在下一章中看到更多相關介紹。

第四章

共享記憶體

到目前為止，您已經接觸了第二章中所介紹的瀏覽器的 web worker API 和第 56 頁的
「worker_thread 模組」中介紹的 Node.js worker 執行緒模組。這是兩個在 JavaScript 中
用來處理並行的強大工具，允許開發人員以 JavaScript 先前無法使用的平行方式執行程
式碼。

但是，到目前為止，您與它們的互動還是相當淺薄。雖然它們確實允許您以平行方式執
行程式碼，但您只能使用訊息傳遞 API 來做到這件事，最終還是仰賴於我們熟悉的事件
迴圈來處理訊息的接收。和您在第 10 頁的「C 的執行緒：透過 Happycoin 致富」中使
用的執行緒程式碼相比，這是一個效能低得多的系統，在那裏這些不同的執行緒能夠存
取相同的共享記憶體。

本章介紹了 JavaScript 應用程式可以用的兩個強大工具：Atomics 物件和
SharedArrayBuffer 類別。它們允許您在不依賴訊息傳遞的情況下，在兩個執行緒之間
共享記憶體。但在深入研究這些物件的完整技術解釋之前，有一個快速的介紹性範例是
必要的。

如果用錯地方，這裡介紹的工具可能很危險，給您的應用程式引入邏輯錯誤，這些錯誤
在開發過程中會躲藏在暗處，而在產出時浮現出來。但是，如果經過適當的磨練和使
用，這些工具可以讓您的應用程式飆升到新的高度，而從您的硬體中獲得前所未有的效
能層次。

共享記憶體簡介

在本範例中，您將建構一個非常基本的應用程式，該應用程式能夠在兩個 web worker 之間進行通訊。雖然這確實需要使用 postMessage() 和 onmessage 的初始樣板（boilerplate），但後續更新將不依賴於此類功能。

這個共享記憶體範例將在瀏覽器和 Node.js 中運作，但兩者所需的設定工作略有不同。現在，您將建構一個在瀏覽器中執行的範例，並提供大量描述。稍後當您更加熟悉時，您將使用 Node.js 建構一個範例。

瀏覽器中的共享記憶體

首先，請在名為 *ch4-webworkers/* 的目錄中建立另一個目錄來存放此專案，然後再建立一個名為 *index.html* 的 HTML 檔案，並將範例 4-1 中的內容添加到其中。

範例 4-1 ch4-web-workers/index.html

```
<html>
<head>
 <title>Shared Memory Hello World</title>
 <script src="main.js"></script>
</head>
</html>
```

完成該檔案後，您就可以開始處理應用程式中更複雜的部分了。請建立一個名為 *main.js* 的檔案，其中包含範例 4-2 中的內容。

範例 4-2 ch4-web-workers/main.js

```
if (!crossOriginIsolated) { ❶
 throw new Error('Cannot use SharedArrayBuffer');
}

const worker = new Worker('worker.js');

const buffer = new SharedArrayBuffer(1024); ❷
const view = new Uint8Array(buffer); ❸

console.log('now', view[0]);

worker.postMessage(buffer);

setTimeout(() => {
```

```
console.log('later', view[0]);
console.log('prop', buffer.foo); ❹
}, 500);
```

❶ 當 crossOriginIsolated 為真時，則可以使用 SharedArrayBuffer。

❷ 實例化 1KB 的緩衝區。

❸ 建立緩衝區視圖（view）。

❹ 讀取修改後的屬性。

此檔案類似於您之前建立的檔案。事實上，它仍然在使用一個專用 worker。不過增加了一些複雜性。第一件新事物是檢查 crossOriginIsolated 的值，它是現代瀏覽器中可用的全域變數。這個值告訴您目前正在執行的 JavaScript 程式碼，是否能夠進行實例化 SharedArrayBuffer 實例等工作。

出於安全原因（與 Spectre CPU 攻擊相關），SharedArrayBuffer 物件並不總是可用於實例化。事實上，幾年前瀏覽器完全禁用了此功能。目前 Chrome 和 Firefox 都支援該物件，並且需要在文件被服務時設置額外的 HTTP 標頭，然後才能允許實例化 SharedArrayBuffer。Node.js 沒有同樣的限制。以下是所需的標頭：

```
Cross-Origin-Opener-Policy: same-origin
Cross-Origin-Embedder-Policy: require-corp
```

您將執行的測試伺服器會自動設置這些標頭。每當您在建構使用了 SharedArrayBuffer 實例的產出就緒應用程式時，請記住要設置這些標頭。

在一個專用 worker 被實例化之後，一個 SharedArrayBuffer 的實例也被實例化了。後面的引數，在本例中為 1,024，是配置給緩衝區的位元組數量。與您可能熟悉的其他陣列或緩衝區物件不同，這些緩衝區在建立後就無法縮小或增大。[1]

這裏還建立了一個名為 view 的緩衝區的視圖。此類視圖在第 79 頁的「SharedArrayBuffer 和 TypedArray」中有廣泛的介紹，但現在，先將它們視為讀取和寫入緩衝區的一種方式。

這個緩衝區視圖，允許我們使用陣列索引語法從中進行讀取。在此案例中，我們可以透過記錄 view[0] 呼叫的結果，來檢查緩衝區中的第 0 個位元組。之後，再使用 worker.postMessage() 方法將緩衝區實例傳遞給 worker 執行緒。在這種情況下，緩衝區是唯一

---

[1] 此限制將來可能會更改；相關提案，請參閱「In-Place Resizable and Growable ArrayBuffers」（*https://oreil.ly/im1CV*）。

傳入的內容。但是，也可以傳入更複雜的物件，而緩衝區是它的屬性之一。儘管附錄中討論的演算法主要是破壞複雜物件，但 SharedArrayBuffer 的實例是一個有意的例外。

腳本完成設置工作後，它會排程一個函數每 500 毫秒執行一次。此腳本會再次列印緩衝區的第 0 個位元組，並嘗試列印附加到名為 .foo 的緩衝區的屬性。請注意，此檔案沒有定義 worker.onmessage 的處理程式。

現在您已經完成了主要的 JavaScript 檔案，您已經準備好建立 worker 程序了。請建立一個名為 *worker.js* 的檔案，並將範例 4-3 中的內容添加到其中。

範例 *4-3 ch4-web-workers/worker.js*

```
self.onmessage = ({data: buffer}) => {
 buffer.foo = 42; ❶
 const view = new Uint8Array(buffer);
 view[0] = 2; ❷
 console.log('updated in worker');
};
```

❶ 寫入緩衝區物件的屬性。

❷ 將第 0 個索引設置為數字 2。

該檔案為 onmessage 事件附加了一個處理程式，該事件會在 *main.js* 中的 .postMessage() 方法被觸發後執行。一旦被呼叫後，就會抓取緩衝區的引數。處理程式中所發生的第一件事，是將 .foo 屬性附加到 SharedArrayBuffer 實例。接下來是為緩衝區建立另一個視圖。然後緩衝區便會透過視圖進行更新。完成後，會列印一則訊息，以便您查看發生了什麼事。

現在您的檔案已經完成了，您已經準備好去執行您的新應用程式了。請開啟終端機視窗並執行以下命令。它與您之前執行的 serve 命令略有不同，因為它需要提供安全性標頭：

```
$ npx MultithreadedJSBook/serve .
```

和以前一樣，開啟終端機中所顯示的鏈結。接下來，開啟網路檢查器並訪問 Control 頁籤。您可能看不到任何的輸出；如果是這樣，請刷新網頁以再次執行程式碼。您應該會看到從應用程式列印的日誌。表 4-1 中重現了輸出範例。

表 4-1　範例控制台輸出

日誌	位置
now 0	main.js:10:9
updated in worker	worker.js:5:11
later 2	main.js:15:11
prop undefined	main.js:16:11

印出的第一行是在 *main.js* 中看到的緩衝區的初始值。在這個案例中，該值為 0；接下來，會執行 *worker.js* 中的程式碼，儘管其時間點大多為不確定的。大約半秒後，再次列印了 *main.js* 中所感知到的值，現在該值被設置為 2。請再次注意，除了初始設置工作外，執行 *main.js* 檔案的執行緒和執行 *worker.js* 檔案的執行緒之間，並沒有發生訊息傳遞。

 這是一個非常簡單的範例，雖然它可以運作，但不會是您通常編寫多執行緒程式碼的方式。它無法保證在 *worker.js* 中更新的值會在 *main.js* 中為可見的。例如，聰明的 JavaScript 引擎可以將值視為常數，儘管您很難找到不會發生這種情況的瀏覽器。

列印緩衝區的值之後，還會列印 .foo 屬性並顯示了一個 undefined 值。為什麼會這樣呢？雖然對記憶體位置（是用來儲存緩衝區裏所包含的二進位資料）之參照確實已在兩個 JavaScript 環境之間共享，但實際物件本身並未共享。如果是這樣，這將違反結構化複製演算法的約束，因在其中物件參照並不能在執行緒之間共享。

Node.js 裡的共享記憶體

這個應用程式的 Node.js 等效版本（equivalent）大部分是相似的；但是，瀏覽器提供的全域 Worker 是不可用的，而且 worker 執行緒不會使用 self.onmessage。相反的，必須 require worker 執行緒模組才能存取此功能。由於 Node.js 不是瀏覽器，因此 *index.html* 檔案並不適用。

要建立等效的 Node.js，您只需要兩個檔案，它們可以放在您一直在使用的同一個 *ch4-web-workers/* 資料夾中。首先，請建立一個 *main-node.js* 腳本，並將範例 4-4 中的內容添加到其中。

```
#!/usr/bin/env node
const { Worker } = require('worker_threads');
const worker = new Worker(__dirname + '/worker-node.js');

const buffer = new SharedArrayBuffer(1024);
const view = new Uint8Array(buffer);

console.log('now', view[0]);

worker.postMessage(buffer);

setTimeout(() => {
 console.log('later', view[0]);
 console.log('prop', buffer.foo);
 worker.unref();
}, 500);
```

程式碼有點不太一樣，但您應該感覺很熟悉。因為全域 Worker 不可用，取而代之的是透過從要求到的 `worker_threads` 模組中提取 `.Worker` 屬性來存取它。在實例化 worker 時，必須提供比瀏覽器所接受到的更明確的 worker 路徑。在此案例下，必須使用路徑 *./worker-node.js*，即使瀏覽器只使用 *worker.js* 也可以；除此之外，與瀏覽器的等效版本相比，這個 Node.js 範例的主要 JavaScript 檔案幾乎沒有改變。添加了最後的 `worker.unref()` 呼叫，是要防止 worker 讓程序永遠執行。

接下來，請建立一個名為 *worker-node.js* 的檔案，該檔案將包含與瀏覽器 worker 等效的 Node.js。請將範例 4-5 中的內容添加到該檔案中。

範例 *4-5 ch4-web-workers/worker-node.js*

```
const { parentPort } = require('worker_threads');

parentPort.on('message', (buffer) => {
  buffer.foo = 42;
  const view = new Uint8Array(buffer);
  view[0] = 2;
  console.log('updated in worker');
});
```

在這個案例中，worker 無法使用 `self.onmessage` 的值。相反的，`worker_threads` 模組又再次被 require，並使用該模組的 `.parentPort` 屬性。這是用來表示從發出呼叫的 JavaScript 環境到連接埠的連結。

我 們 可 以 將 .onmessage 處 理 程 序 指 派 給 parentPort 物 件 ， 並 且 可 以 呼 叫 .on('message', cb) 方法。如果同時使用它們，它們將按照使用的順序被呼叫。 message 事件的回呼函數直接接收傳入的物件（在此案例中為 buffer）作為引數，而 onmessage 處理程式則提供一個 MessageEvent 實例，該實例具有包含 buffer 的 .data 屬性。您要使用哪種方法主要取決於個人喜好。

除了 Node.js 和瀏覽器之間的程式碼完全相同之外，相同的可適用的全域變數（如 SharedArrayBuffer）仍然可用，而且對於本範例而言，它們的工作方式仍然相同。

現在這些檔案已完成，您可以使用以下命令執行它們：

```
$ node main-node.js
```

此命令的輸出應與瀏覽器中顯示的表 4-1 中的輸出相等。同樣的，相同的結構化複製演算法，允許傳遞 SharedArrayBuffer 的實例，但僅是傳遞底層的二進位緩衝區資料，而不是對物件本身的直接參照。

SharedArrayBuffer 與 TypedArray

傳統上，JavaScript 語言並不真正支持與二進位資料的互動。當然，有字串可以用，但它們確實抽象化了底層資料儲存機制。還有陣列，但它們可以包含任何型別的值，不適合表示二進位緩衝區。多年來，這有點像是「不錯囉」這種感覺，尤其是在 Node.js 出現和在網頁語境之外執行 JavaScript 這些事流行之前。

除其他功能之外，Node.js 執行環境還能夠進行讀取和寫入檔案系統、將資料傳入和傳出網路等等功能。這種互動不僅限於基於 ASCII 的文本檔案，還包括二進位資料。由於沒有方便的緩衝區資料結構可用，本書作者建立了自己的緩衝區資料結構。因此，Node.js 的 Buffer 誕生了。

隨著 JavaScript 語言本身的界限被外推，API 以及語言與瀏覽器視窗之外的世界進行互動的能力也在不斷增長。最終 ArrayBuffer 物件和後來的 SharedArrayBuffer 物件被建立了，而且現在已經是語言的核心部分。如果 Node.js 是今天才建立的，那麼它大概不會建立自己的 Buffer 實作。

ArrayBuffer 和 SharedArrayBuffer 的實例，代表一個長度固定且不能調整大小的二進位資料緩衝區。雖然兩者非常相似，但後者將是本節的重點，因為它允許應用程式跨執行緒共享記憶體。二進位資料雖然在 C 等許多傳統程式設計語言中無處不在，並且是一流的概念，但很容易被誤解，尤其是對於使用 JavaScript 等高階語言的開發人員而言。

為了怕您沒有使用過，二進位（*binary*）是一種基於 2 的計數系統，它的最低層級表達為 1 和 0。這兩個數字中的每一個都稱為位元（*bit*）。十進位，也是人類主要用於計數的系統，是以 10 為基礎，用 0 到 9 的數字來表達。8 個位元的組合稱為一個位元組（byte），通常是記憶體中最小的可定址的值，因為它通常比單一位元更容易處理。基本上，這意味著 CPU（和程式設計師）是使用位元組而不是單一位元。

這些位元組通常表達成兩個十六進位（*hexadecimal*）字元，這是一種使用數字 0–9 和字母 A–F 的基於 16 的計數系統。事實上，當您使用 Node.js 來記錄 ArrayBuffer 的實例時，產生的輸出使用了十六進位來顯示緩衝區的值。

給定任意一組儲存在磁碟，甚至電腦記憶體中的任意位元組，資料的含義有點模糊。例如，十六進位的值 0x54（JavaScript 中的 0x 字首表示該值是十六進位的）應該代表什麼？如果它是字串的一部分，它可能表示大寫字母 *T*。但是，如果它表示一個整數，它可能表示十進位數字 84。它甚至可能指的是記憶體位置、JPEG 影像中像素的一部分，或任何事物的數量。這裡的語境非常重要。同一個數字用二進位來表達看起來會像 0b01010100（0b 字首表示二進位）。

請記住這種歧義，同樣重要的是 ArrayBuffer（以及 SharedArrayBuffer）的內容不能直接修改。相反的，必須首先建立緩衝區的「視圖」。此外，不像其他語言可能提供對廢棄了的記憶體的存取，當 JavaScript 中的 ArrayBuffer 被實例化時，緩衝區的內容被初始化為 0。考慮到這些緩衝區物件只儲存數字資料，它們確實是一個非常基本的資料儲存工具，而我們通常會在儲存系統上建立更複雜的系統。

ArrayBuffer 和 SharedArrayBuffer 都繼承自 Object 並帶有它所關聯的方法。除此之外，它們還有兩個屬性。第一個是唯讀（read-only）值 .byteLength，它表示緩衝區的位元組長度；第二個是 .slice(begin, end) 方法，它根據提供給它的範圍，來傳回緩衝區的副本。

.slice() 的 begin 值是包含性的（inclusive），而 end 值是不包含性的（exclusive），並且明顯不同於像是 String#substr(begin, length) 的東西，後者的第二個引數是長度。如果省略 begin 值，則預設為第一個元素，如果省略 end 值，則預設為最後一個元素。負數表示緩衝區結尾的值。

下面是與 `ArrayBuffer` 的一些基本互動的範例：

```
const ab = new ArrayBuffer(8);
const view = new Uint8Array(ab)
for (i = 0; i< 8; i++) view[i] = i;
console.log(view);
// Uint8Array(8) [
// 0, 1, 2, 3,
// 4, 5, 6, 7
// ]
ab.byteLength; // 8
ab.slice(); // 0, 1, 2, 3, 4, 5, 6, 7
ab.slice(4, 6); // 4, 5
ab.slice(-3, -2); // 5
```

不同的 JavaScript 環境，會以不同的方式顯示 `ArrayBuffer` 實例的內容。Node.js 會顯示一串列的十六進位數對，就好像資料是被視為 `Uint8Array`。Chrome v88 則顯示具有多個不同視圖的可擴展物件。但是，Firefox 不會顯示資料，而且需要先透過視圖來傳遞。

視圖（*view*）這個術語已經在好幾個地方提到過，現在是定義它的好時機。由於二進位資料可以代表的含義並不明確，我們需要使用視圖來讀取和寫入底層的緩衝區。JavaScript 中有幾個這樣的視圖可用，這些視圖中的每一個都從一個名為 `TypedArray` 的基底類別擴展而來，這個類別不能直接實例化，也不能作為全域使用，但可以透過從實例化的子類別中獲取 `.prototype` 屬性來存取它。

表 4-2 包含了從 `TypedArray` 擴展而來的視圖類別的列表。

表 4-2　擴展 `TypedArray` 的類別

類別	位元組	最小值	最大值
Int8Array	1	−128	127
Uint8Array	1	0	255
Uint8ClampedArray	1	0	255
Int16Array	2	−32,768	32,767
Uint16Array	2	0	65,535
Int32Array	4	−2,147,483,648	2,147,483,647
Uint32Array	4	0	4294967295
Float32Array	4	1.4012984643e−45	3.4028235e38
Float64Array	8	5e−324	1.7976931348623157e308
BigInt64Array	8	−9,223,372,036,854,775,808	9,223,372,036,854,775,807
BigUint64Array	8	0	18,446,744,073,709,551,615

類別欄是可用於實例化的類別的名稱。這些類別是全域的，可以在任何現代 JavaScript 引擎中存取；位元組欄是用來表達視圖中每個單獨元素所佔的位元組數，最小值和最大值欄則顯示了緩衝區中元素的有效數字範圍。

在建立這些視圖時，`ArrayBuffer` 實例被傳遞到視圖的建構子函數中。緩衝區的位元組長度，必須是它被傳入的那個特定視圖所使用的元素的位元組長度的倍數。例如，如果建立了一個由 6 個位元組組成的 `ArrayBuffer`，則可以將其傳遞給一個 `Int16Array`（位元組長度為 2），因為它將代表三個 `Int16` 元素。但是，同樣的 6 位元組緩衝區不能傳遞到 `Int32Array` 中，因為它將代表一個半的元素，而這是無效的。

如果您使用 C 或 Rust 等較為低階的語言進行程式設計，那麼這些視圖的名稱可能很眼熟。

其中一半的類別裏的 U 字首是代表無正負號，這意味著只能表達正數。沒有 U 字首的類別則是有正負號的，因此可以表達負數和正數，儘管這樣的最大值只有一半大小。這是因為有正負號的數字，使用第一個位元來表示「正負號」，用來表示該數字是正數還是負數。

數字範圍限制來自可以儲存在單一位元組中，用來指明一個數字的資料量。與十進位非常相似，數字從零開始計數到基底，然後進位到左側的數字；因此，對於 `Uint8` 數字，也就是「由 8 位元表達的無正負號整數」，最大值（`0b11111111`）就等於 255。

JavaScript 沒有整數（integer）資料型別，只有 Number 型別，這是 IEEE 754 浮點數（*https://oreil.ly/gOSK8*）的實作，它等效於 Float64 資料型別。否則只要將 JavaScript Number 寫入這些視圖時，都需要進行某種轉換過程。

當一個值被寫入 `Float64Array` 時，它可以幾乎保持不變。可被允許的最小值和 `Number.MIN_VALUE` 相同，而最大值則為 `Number.MAX_VALUE`。將值寫入 `Float32Array` 時，不僅最小值和最大值範圍會減小，而且小數的精確度也會被截短。

例如，請考慮以下程式碼：

```
const buffer = new ArrayBuffer(16);

const view64 = new Float64Array(buffer);
view64[0] = 1.1234567890123456789; // 位元組 0 - 7
console.log(view64[0]); // 1.1234567890123457
const view32 = new Float32Array(buffer);
view32[2] = 1.1234567890123456789; // 位元組 8 - 11
console.log(view32[2]); // 1.1234568357467651
```

在此案例中，float64 數字的小數精確度可以精確到小數點後 15 位，而 float32 數字的精確度僅能精確到小數點後 6 位。

這段程式碼舉例說明了另一件有趣的事情。在此案例中，有一個名為 buffer 的 ArrayBuffer 實例，但有兩個不同的 TypedArray 實例指向此緩衝區資料。您能想到這有什麼奇怪的嗎？圖 4-1 可能會給您一個提示。

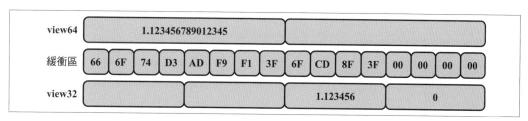

圖 4-1　單一 ArrayBuffer 與多重 TypeArray 視圖

如果您讀取 view64[1]、view32[0] 或 view32[1]，您認為會傳回什麼呢？在此案例中，用來儲存某一種型別資料的記憶體的截短版本，將被組合（或拆分）以表達另一種型別的資料。傳回的值以錯誤的方式被解讀並且是無意義的，儘管它們應該是確定的和一致的。

當受支援的非浮點數 TypedArray 範圍之外的數值被寫入時，它們需要經過某種轉換過程以適應目標資料型別。首先，必須將數字轉換為整數，就如同將它傳遞給 Math.trunc() 一樣。如果該值超出可接受範圍，則它會繞回來並重設為 0，就像使用模數（%）運算子一樣。以下是 Uint8Array（這是一個最大元素值為 255 的 TypedArray）發生的一些範例：

```
const buffer = new ArrayBuffer(8);
const view = new Uint8Array(buffer);
view[0] = 255;    view[1] = 256;
view[2] = 257;    view[3] = -1;
view[4] = 1.1;    view[5] = 1.999;
view[6] = -1.1;   view[7] = -1.9;
console.log(view);
```

表 4-3 的第二行包含了輸出值的列表，第一行則是它們的相關值。

表 4-3　TypedArray 轉換

輸入	255	256	257	−1	1.1	1.999	−1.1	−1.9
輸出	255	0	1	255	1	1	255	255

對於 `Uint8ClampedArray` 來說，這種行為會略有不同。當寫入負值時，會將其轉換為 0；當寫入大於 255 的值時，將其轉換為 255。當提供非整數值時，則將其傳遞給 `Math.round()`。在您的某些使用案例之下，使用這種視圖可能更有意義。

最後，`BigInt64Array` 和 `BigUint64Array` 條目也特別值得注意。與使用 `Number` 型別的其他 `TypedArray` 視圖不同的是，這兩個變體是使用 `BigInt` 型別（`1` 是 `Number` 而 `1n` 是 `BigInt`）。這是因為可以使用 64 個位元組表達的數值，超出了使用 JavaScript 的 `Number` 可以表達的數字範圍。基於這個原因，我們必須使用 `BigInt` 來為這些視圖設定值，並且擷取到的值也將是 `BigInt` 型別。

一般而言，使用多個 `TypedArray` 視圖（尤其是不同大小的視圖）查看同一個緩衝區實例，是一件危險的事情，應該要盡可能的避免。您可能會發現在執行不同運算時，會不小心的破壞了一些資料。我們可以在執行緒之間傳遞多個 `SharedArrayBuffer`，因此如果您發現自己需要混合型別時，那麼您可能會從擁有多個緩衝區這件事中受益。

現在您已經熟悉了 `ArrayBuffer` 和 `SharedArrayBuffer` 的基礎知識，您已準備好使用更複雜的 API 與它們進行互動了。

資料操作的原子方法

原子性（*atomicity*）是您之前可能聽說過的一個術語，尤其是在涉及資料庫時，它是首字母縮寫詞 ACID（atomicity, consistency, isolation, durability（原子性、一致性、隔離性、持久性））中的第一個詞。本質上，如果一個運算是原子的（*atomic*），這意味著雖然整個運算可能由多個較小的步驟組成，但可以保證整個運算要嘛就是完全成功，要不然就是完全失敗。例如，發送到資料庫的單一查詢將是原子的，但三個分別的查詢則不是原子的。

然後，如果這三個查詢被包裝在一筆資料庫交易中，那麼整個批次就變成了原子的；要嘛就是所有三個查詢都成功執行，要不然就是都沒有成功執行。以特定順序執行運算也很重要，這會假設它們操作相同的狀態，否則會具有可能相互影響的副作用。隔離（*isolation*）這部分意味著其他運算不能在中間執行；例如，當只應用了其中的一些運算時，就不能進行讀取。

原子運算在計算中非常重要，尤其是在分散式（distributed）計算中。可能有很多客戶端連結的資料庫需要支援原子運算。網路上有許多節點進行通訊的分散式系統，也需要支援原子運算。稍微推斷一下這個想法，即使在跨多個執行緒共享資料存取的單一電腦中，原子性也很重要。

JavaScript 提供了一個名為 Atomics 的全域物件，其中有幾個可用的靜態方法，這個全域物件與您熟悉的 Math 全域物件遵循相同的樣式。無論是其中哪種情況，都不能使用 new 運算子來建立新的實例，而且可用的方法是無狀態的（stateless），不會影響全域物件本身；相反的，在 Atomics 中，我們透過傳入要修改的資料的參照來使用它們。

本節的其餘部分列出了 Atomics 物件上除了三個可用方法之外的所有方法。其餘的方法將在第 97 頁的用於「協調的原子方法」中有介紹。除了 Atomics.isLockFree() 之外，所有這些方法都接受一個 TypedArray 實例，作為第一個引數以及索引作為第二個引數。

Atomics.add()

```
old = Atomics.add(typedArray, index, value)
```

此方法將提供的 value 添加到 typedArray 中位於 index 處的現有值，並傳回舊值。以下是非原子版本可能的樣子：

```
const old = typedArray[index];
typedArray[index] = old + value;
return old;
```

Atomics.and()

```
old = Atomics.and(typedArray, index, value)
```

此方法使用 typedArray 中位於 index 處的現有值和 value 進行按位（bitwise）and 運算，並傳回舊值。以下是非原子版本可能的樣子：

```
const old = typedArray[index];
typedArray[index] = old & value;
return old;
```

Atomics.compareExchange()

```
old = Atomics.compareExchange(typedArray, index, oldExpectedValue, value)
```

此方法檢查 typedArray 以查看 oldExpectedValue 的值是否位於 index 處，如果是的話，則將值替換為 value；如果不是的話，那麼什麼都不會發生。此方法總是會傳回舊值，因此您可以藉著看看 oldExpected Value === old 是否成立來判斷交換是否成功。以下是非原子版本可能的樣子：

```
const old = typedArray[index];
if (old === oldExpectedValue) {
  typedArray[index] = value;
}
return old;
```

Atomics.exchange()

```
old = Atomics.exchange(typedArray, index, value)
```

此方法將 typedArray 中位於 index 處的值設定為 value。此方法會傳回舊值。以下是非原子版本可能的樣子：

```
const old = typedArray[index];
typedArray[index] = value;
return old;
```

Atomics.isLockFree()

```
free = Atomics.isLockFree(size)
```

如果 size 是任何 TypedArray 子類別的 BYTES_PER_ELEMENT 的值（通常是 1、2、4、8），則此方法會傳回 true，否則會傳回 false。[2] 如果是 true，則使用目前的系統硬體來使用 Atomics 方法將會非常快速；如果為 false，則應用程式可能希望使用手動鎖定機制，例如第 131 頁上「互斥：基本鎖」中介紹的內容，尤其在效能是主要關注點的情況下。

Atomics.load()

```
value = Atomics.load(typedArray, index)
```

此方法傳回 typedArray 中位於 index 處的值。以下是非原子版本可能的樣子：

---

[2] 如果在某些少見的硬體上執行 JavaScript，則此方法可能會為值 1、2 或 8 而傳回 false。也就是說，4 將始終傳回 true。

```
const old = typedArray[index];
return old;
```

Atomics.or()

```
old = Atomics.or(typedArray, index, value)
```

此方法對 typedArray 中位於 index 處的的現有值和 value 進行按位 or 運算。此方法
會傳回舊值。以下是非原子版本可能的樣子：

```
const old = typedArray[index];
typedArray[index] = old | value;
return old;
```

Atomics.store()

```
value = Atomics.store(typedArray, index, value)
```

此方法將提供的 value 儲存在 typedArray 中位於 index 處的位置，然後傳回傳入的
value。以下是非原子版本可能的樣子：

```
typedArray[index] = value;
return value;
```

Atomics.sub()

```
old = Atomics.sub(typedArray, index, value)
```

此方法從 typedArray 中位於 index 處的現有值裡減去所提供的 value。此方法會傳回
舊值。以下是非原子版本可能的樣子：

```
const old = typedArray[index];
typedArray[index] = old - value;
return old;
```

Atomics.xor()

```
old = Atomics.xor(typedArray, index, value)
```

此方法對 typedArray 中位於 index 處的的現有值和 value 進行按位 xor 運算，此方法
會傳回舊值。以下是非原子版本可能的樣子：

```
const old = typedArray[index];
typedArray[index] = old ^ value;
return old;
```

原子性問題

第 84 頁「資料操作的原子方法」中介紹的方法裏，每一個都保證會以原子方式執行。例如，考慮這個 Atomics.compareExchange() 方法。此方法接受 oldExpectedValue 和一個新的 value，僅當它等於 oldExpectedValue 時，才用新的 value 替換現有值。雖然 JavaScript 需要使用多個單獨敘述來表達此運算，但可以保證整個運算一定會完全執行。

為了說明這一點，假設您有一個名為 typedArray 的 Uint8Array，並且第 0 個元素被設定為 7。然後，假設多個執行緒可以存取同一個 typedArray，並且每個執行緒都執行以下程式碼的某種變體：

```
let old1 = Atomics.compareExchange(typedArray, 0, 7, 1); // 執行緒 #1
let old2 = Atomics.compareExchange(typedArray, 0, 7, 2); // 執行緒 #2
```

這三個方法被呼叫的順序，甚至它們被呼叫的時間點都是完全不確定的。事實上，它們可以同時被呼叫！但是，有了 Atomics 物件的原子性保證後，我們可以保證只有一個執行緒將傳回初始值 7，而另一個執行緒則將傳回更新後的值 1 或 2。這些運算是如何工作的時間軸可以在圖 4-2 中看到，其中 CEX(oldExpectedValue, value) 是 Atomics.compareExchange() 的簡寫。

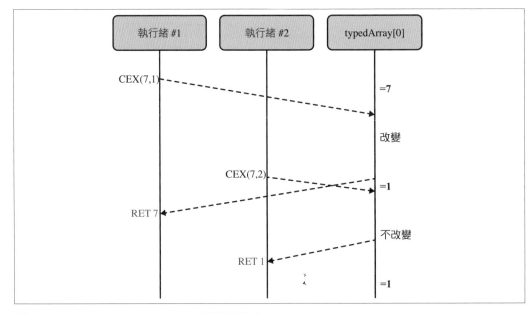

圖 4-2　Atomics.compareExchange() 的原子形式

另一方面，如果您使用 `compareExchange()` 的非原子等效品，例如直接讀取和寫入 `typedArray[0]`，則程式完全有可能意外的破壞了一個值。在此案例中，兩個執行緒幾乎同時讀取了現有值，然後它們都看到原始值存在而且幾乎同時寫入。這是非原子 `compareExchange()` 程式碼的註解版本：

```
const old = typedArray[0]; // GET()
if (old === oldExpectedValue) {
  typedArray[0] = value;   // SET(value)
}
```

此程式碼與共享資料執行多次互動，特別是擷取資料那行（標記為 `GET()`）和稍後設定資料的那行（標記為 `SET(value)`）。為了使此程式碼能正常執行，需要保證其他執行緒在程式碼執行時無法讀取或寫入該值如此確保只有一個執行緒可以獨占式的存取共享資源，這稱為臨界區段（*critical section*）。

圖 4-3 顯示了這段程式碼在沒有獨占式存取保證的情況下執行的時間軸。

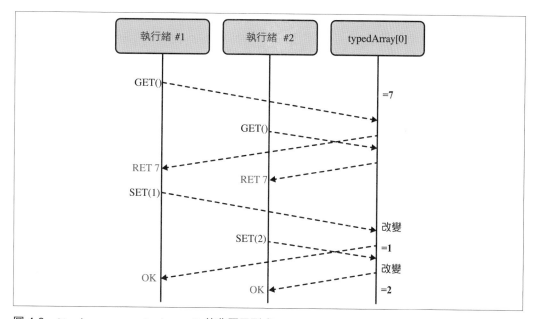

圖 4-3　`Atomics.compareExchange()` 的非原子形式

在此案例中，兩個執行緒都認為他們已經成功設置了該值，但我們期望的結果只存在於第二個執行緒中。此類錯誤被稱為*競爭條件*（*race condition*），其中兩個或多個執行緒相互競爭以執行某些動作[3]。這些錯誤最糟糕的是它們不會持續發生,而且惡名昭彰的難以重現,並且可能只會發生在一種環境中,像是產出伺服器,而不會在發生另一種環境,比如您的開發筆電。

為了能在與陣列緩衝區互動時從 Atomics 物件的原子屬性中受益,在混合 Atomics 呼叫與直接陣列緩衝區存取時要小心。如果您的應用程式的一個執行緒使用了 compareExchange() 方法,而另一個執行緒直接讀取和寫入同一緩衝區位置,那麼安全機制將失效,您的應用程式將具有不確定性行為。本質上,當使用 Atomics 呼叫時,有一個內隱式的鎖可以使互動更方便。

遺憾的是,並非您需要使用共享記憶體執行的所有運算都可以使用 Atomics 方法來表達。當這種情況發生時,您需要想出一個更手動的鎖定機制,允許您自由的進行讀寫並防止其他執行緒這麼做。此概念稍後將在第 131 頁的「互斥:基本鎖」中介紹。

傳回值會忽略轉換

關於 Atomics 方法的一個警告是,傳回值不一定知道特定的 TypedArray 將會進行的轉換,而是會傳回在進行轉換之前的值。例如,考慮以下情況,其中儲存的值大於給定視圖可以表達的值:

```
const buffer = new SharedArrayBuffer(1);

const view = new Uint8Array(buffer);

const ret = Atomics.store(view, 0, 999);

console.log(ret); // 999

console.log(view[0]); // 231
```

此程式碼建立了一個緩衝區,建立一個 Uint8Array 視圖到該陣列中,然後它使用 Atomics.store() 來使用視圖儲存 999 這個值。Atomics.store() 呼叫的傳回值是傳入的值 999,即使實際儲存在底層緩衝區中的值是值 231(999 大於能支援的最大值 255)。在建構應用程式時,您需要牢記這一限制。為了安全起見,您應該精心設計您的應用程式,使其不依賴於這種資料轉換,而只會寫入範圍內的值。

---

[3] 根據程式碼的編譯、排序和執行方式,一個競爭中的程式可能會以這種交錯步驟視圖無法解釋的方式而失敗。當這種情況發生時,您最終可能會得到一個違背所有期望的值。

資料序列化

緩衝區是非常強大的工具。也就是說,完全從數字的角度來和它們一起工作,可能會開始變得有點困難,有時您需要使用緩衝區儲存非數字資料的內容。發生這種情況時,您需要在將資料寫入緩衝區之前,以某種方式序列化(serialize)該資料,並在稍後從緩衝區讀取時需要對其進行反序列化(deserialize)。

根據您要表達的資料類型,您可以使用不同的工具對其進行序列化。有些工具適用於不同的情況,但每種工具在儲存空間的大小和序列化的效能方面,都有不同的取捨。

布林值

布林值(Boolean)很容易表達,因為它們只需要一個位元來儲存資料,而一個位元小於一個位元組。因此,您可以建立一種最小的視圖,例如 `Uint8Array`,然後將其指向位元組長度為 1 的 `ArrayBuffer`,並進行設定。當然,這裡有趣的是,您可以使用單一位元組來儲存多達八個這樣的布林值。事實上,如果您正在處理大量布林值的話,您可能能夠透過將大量布林值儲存在緩衝區中,來超越 JavaScript 引擎的表現,因為每個布林值實例都有額外的後設資料負擔。圖 4-4 顯示了一個以位元組表達的一串列的布林值。

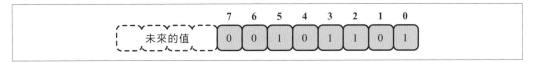

圖 4-4　儲存在一個位元組中的布林值

當像這樣以單一位元來儲存資料時,最好從最低有效位元(least significant bit)開始,例如,最右邊標記為 0 的位元;如果您向您的位元組添加了更多布林值的時候,則移動到更顯著的(significant)位元來儲存它們。原因很簡單:隨著您需要儲存的布林值數量的增加,緩衝區的大小也會跟著增加,而現有位元的位置應保持不變。雖然緩衝區本身不能動態增長,但您的應用程式的較新版本可能需要實例化更大的緩衝區。

如果儲存布林值的緩衝區今天是 1 個位元組,明天是 2 個位元組,透過優先使用最低有效數字,資料的十進位表達將保持為 0 或 1。但是,如果使用最高有效數字(most significant digit)的話,則今天該值可能是 0 和 128,而明天它可能是 32,768 和 0。如果您將這些值保留在某處並在不同的發布版本之間使用它們,這可能會導致問題。

以下是如何儲存和擷取這些布林值的範例，以便它們在 ArrayBuffer 中被支援：

```
const buffer = new ArrayBuffer(1);
const view = new Uint8Array(buffer);
function setBool(slot, value) {
  view[0] = (view[0] & ~(1<< slot)) | ((value|0)<< slot);
}
function getBool(slot) {
  return !((view[0] & (1<< slot)) === 0);
}
```

這段程式碼建立了一個一位元組的緩衝區（二進位表達法為 0b00000000），並在緩衝區中建立一個視圖。要將 ArrayBuffer 中最低有效數字的值設置為 true，您可以使用 setBool(0, true) 這個呼叫；要將第二個最低有效數字設置為 false，您可以呼叫 setBool(1, false)。要擷取儲存在第三個最低有效數字的值，您可以呼叫 getBool(2)。

setBool() 函數的工作原理是接受布林的 value，並將其轉換為整數（value|0 會將 false 轉換為 0，將 true 轉換為 1）。然後它根據將值儲存在哪個 slot 中，透過向右側添加零來「把值向左移位（shift）」（0b1<<0 仍然維持 0b1，0b1<<1 則變為 0b10，依此類推）。它還接受數字 1 並根據 slot 對其進行移位（因此，如果 slot 為 3，則結果為 0b1000），然後反轉位元（使用 ~），並透過將現有值與此新值進行 AND 運算（&）來獲得新值 (view[0] & ~(1<< slot))。最後，修改後的舊值和新移位的值一起進行 OR 運算（|）並指派給 view[0]。基本上，它會讀取現有位元，替換適當的位元，然後將這些位元寫回去。

getBool() 函數的工作原理是接受數字 1，根據 slot 來移位它，然後使用 & 將其與現有值進行比較。移位後的值（在 & 的右側）僅包含一個 1 和七個 0。假設位於 view[0] 的 slot 位置的值是真值的話，這個修改後的值和現有值之間的 AND 運算會傳回一個表示移位後的槽的值的數字；否則，它會傳回 0。然後再檢查該值是否正好等於 0（===0），並將其結果否定（negate）（!）。基本上，它會傳回 slot 處的位元的值。

這段程式碼有一些缺點，不一定要在產出版本中使用。例如，它不適用於處理大於單一位元組的緩衝區，而且在讀取或寫入超過 7 的條目時會遇到未定義的行為。產出就緒版本會考慮儲存空間的大小並執行邊界檢查，但我們將此留給讀者來練習。

字串

字串並不像第一眼看起來那樣容易進行編碼。我們很容易就可以假設字串中的每個字元，都可以使用單一位元組表示，並且字串的 `.length` 屬性，就足以選擇儲存它的緩衝區的大小。雖然有時這似乎是有效的，特別是對於簡單的字串而言，不過您在處理更複雜的資料時，很快就會遇到錯誤。

這會適用於簡單字串的原因是，使用 ASCII 表達的資料，確實允許單一字元安置至單一位元組。事實上，在 C 程式語言中，用來表達單一位元組資料的資料儲存型別就稱為 `char`。

有很多方法可以使用字串對單一字元進行編碼。使用 ASCII，所有的字元都可以用一個位元組來表達，但在文化、語言和表情符號眾多的世界中，以這種方式表達所有的字元是絕對不可能的。相反的，我們使用了編碼系統，其中可以使用可變數量的位元組來表示單一字元。在內部，JavaScript 引擎根據情況使用各種編碼格式來表達字串，而這種複雜性對我們的應用程式來說是隱藏起來的。一種可能的內部格式是 UTF-16，它使用 2 或 4 個位元組來表達一個字元，甚至最多 14 個位元組來表達某些表情符號。一個更通用的標準是 UTF-8，它對每個字元使用 1 到 4 個位元組的儲存空間，並且向下相容 ASCII。

以下是使用 `.length` 屬性來迭代字串並將結果值映射到 `Uint8Array` 實例時所發生的情況的範例：

```
// 警告：反樣式！
function stringToArrayBuffer(str) {
  const buffer = new ArrayBuffer(str.length);
  const view = new Uint8Array(buffer);
  for (let i = 0; i< str.length; i++) {
    view[i] = str.charCodeAt(i);
  }
  return view;
}

stringToArrayBuffer('foo'); // Uint8Array(3) [ 102, 111, 111 ]
stringToArrayBuffer('€');   // Uint8Array(1) [ 172 ]
```

在此案例中，要儲存基本字串 foo 沒問題。但是，實際由值 8,364 表達的 € 字元大於 `Uint8Array` 支援的最大值 255，因此被截短為 172。將該數字轉換回字元，會給出錯誤的值。

現代的 JavaScript 可以使用 API 將字串直接編碼和解碼到 ArrayBuffer 實例。該 API 由全域的 TextEncoder 和 TextDecoder 所提供，它們都是建構子函數，而且在現代的 JavaScript 環境（包括瀏覽器和 Node.js）中為全域可用。這些 API 使用 UTF-8 編碼進行編碼和解碼，因為它無所不在。

以下是如何使用此 API 安全的將字串編碼為 UTF-8 編碼的範例：

```
const enc = new TextEncoder();
enc.encode('foo'); // Uint8Array(3) [ 102, 111, 111 ]
enc.encode('€');   // Uint8Array(3) [ 226, 130, 172 ]
```

以下是如何解碼這些值的方法：

```
const ab = new ArrayBuffer(3);
const view = new Uint8Array(ab);
view[0] = 226; view[1] = 130; view[2] = 172;
const dec = new TextDecoder();
dec.decode(view); // '€'
dec.decode(ab);   // '€'
```

請注意，TextDecoder#decode() 可與 Uint8Array 視圖或底層的 ArrayBuffer 實例一起使用。這可以讓您很方便地解碼您可能從網路呼叫中所獲得的資料，而無需先把它包裝在視圖中。

物件

考慮到物件已經可以使用 JSON 表達為字串，您確實可以選擇在兩個執行緒中使用您想要使用的物件、將其序列化為 JSON 字串，然後使用以下命令來使用您在上一節中所使用的相同的 TextEncoder API，將該字串寫入陣列緩衝區。這基本上可以透過執行以下程式碼來執行：

```
const enc = new TextEncoder();
return enc.encode(JSON.stringify(obj));
```

JSON 接受一個 JavaScript 物件並將其轉換為字串表達形式。發生這種情況時，輸出格式中有很多冗餘性存在。如果您想進一步減小負載的大小，可以使用類似 MessagePack（*https://msgpack.org*）的格式，它可以透過使用二進位資料來表達物件後設資料（metadata），以進一步減小序列化物件的大小。這使得 MessagePack 之類的工具不一定適用於純文本所適合的情況，例如電子郵件；但在傳遞二進位緩衝區的情況下，它可能不會那麼糟糕。和瀏覽器與 Node.js 的相容的 msgpack5 npm 套件正是要做到這一點。

也就是說，執行緒之間進行通訊時的效能取捨，通常不是來自傳輸的負載的大小，而很可能是來自於序列化和反序列化負載的成本。出於這個原因，通常最好在執行緒之間傳遞更簡單的資料表達法。即使涉及在執行緒之間傳遞物件，您也可能會發現把結構化複製演算法與 `.onmessage` 和 `.postMessage` 方法相結合後，會比將物件序列化並將它們寫入緩衝區還更快、更安全。

如果您發現自己正在建構一個應用程式來將物件進行序列化和反序列化，並將它們寫入到 `SharedArrayBuffer` 時，您可能需要重新考慮應用程式的某些架構。您幾乎總是會找到一種好方法，來獲取您正在傳遞的物件、使用較低等級的型別將別它們序列化，然後把它們一起傳遞。

## 第五章

進階共享記憶體

第 4 章著眼於使用 SharedArrayBuffer 物件，直接讀取和寫入來自不同執行緒的共享資料集合；但這樣做是有風險的，因為它允許一個執行緒去破壞另一個執行緒寫入的資料。還好，多虧了 Atomics 物件，您能夠以防止資料被破壞的方式，對該資料執行非常基本的運算。

儘管 Atomics 提供的基本運算用起來很方便，但您經常會發現自己需要與這些資料執行更複雜的互動。例如，一旦您按照第 91 頁的「資料序列化」中的描述序列化了資料，例如 1 KB 的字串，您就需要將該資料寫入 SharedArrayBuffer 實例，而且現有的原子方法都不允許您一次設定整個值。

本章介紹了用於協調跨執行緒對共享資料進行讀寫的額外功能，以面對先前介紹的 Atomics 方法還不夠用的情況。

用於協調的原子方法

這些方法與第 84 頁上的「資料操作的原子方法」中已經介紹的方法略有不同。具體來說，前面介紹的每個方法都適用於任何類型的 TypedArray，並且可以對 SharedArrayBuffer 和 ArrayBuffer 實例進行操作。但是，此處列出的方法僅適用於 Int32Array 和 BigInt64Array 實例，並且僅在與 SharedArrayBuffer 實例一起使用時才有意義。

如果您嘗試將這些方法與錯誤型別的 TypedArray 一起使用的話，您將收到以下錯誤之一：

```
# Firefox v88
Uncaught TypeError: invalid array type for the operation

# Chrome v90 / Node.js v16
Uncaught TypeError: [object Int8Array] is not an int32 or BigInt64 typed array.
```

就現有技術而言，這些方法是根據 Linux 核心中一個稱為 *futex* 的可用功能來建模的，*futex* 是快速使用者空間互斥鎖（*fast userspace mutex*）的縮寫。*mutex* 本身是互斥（*mutual exclusion*）的縮寫，也就是當一個執行緒的執行獲得對特定資料的獨占性存取權的時候。互斥鎖也可以稱為鎖（*lock*），其中一個執行緒鎖定對資料的存取權、執行該做的事、然後解鎖存取權，以允許另一個執行緒來存取資料。*futex* 建立在兩個基本運算上，一個是「等待（wait）」，另一個是「喚醒（wake）」。

Atomics.wait()

```
status = Atomics.wait(typedArray, index, value, timeout = Infinity)
```

此方法首先檢查 `typedArray`，以查看 `index` 處的值是否等於 `value`。如果不是，則函數傳回 `not-equal` 這個值；如果相等的話，它將凍結執行緒最多 `timeout` 毫秒。如果在那段時間內沒有發生任何事情，該函數將傳回 `timed-out` 這個值；另一方面，如果另一個執行緒在該時間段內為同一 `index` 呼叫了 `Atomics.notify()`，則該函數將傳回 `ok` 這個值。表 5-1 列出了這些傳回值。

表 5-1　`Atomics.wait()` 的傳回值

值	含義
not-equal	所提供的 `value` 不等於緩衝區中的值。
timed-out	另一個執行緒在分配的 `timeout` 時間內沒有呼叫 `Atomics.notify()`。
ok	另一個執行緒確實及時呼叫了 `Atomics.notify()`。

您可能想知道為什麼這個方法不會在前兩個條件下拋出錯誤，而是默默的成功執行而不會傳回一個 ok。我們基於效能的原因而使用了多執行緒程式設計，因此呼叫這些 `Atomics` 方法將在應用程式的熱路徑（*hotpath*）中完成，那是應用程式花費最多時間的區域。在 JavaScript 中實例化 `Error` 物件並產生堆疊軌跡的效能，比不上傳回一個簡單的字串，因此這種方法的效能相當高；另一個原因是 `not-equal` 的情況並不真正代表錯誤情況，而是您正在等待的事情已經發生。

這種阻擋行為一開始可能有點令人震驚。鎖定整個執行緒聽起來有點令人緊張，在許多情況下的確如此。另一個可能導致整個 JavaScript 執行緒鎖定的範例是瀏覽器中的 `alert()` 函數。當該函數被呼叫時，瀏覽器會顯示一個對話框，並且在對話框被關閉之前，任何東西都不能執行——甚至不能執行任何使用事件迴圈的背景任務。Atomics. wait() 方法同樣的也會凍結執行緒。

事實上，這種行為非常的極端，以至於「主」執行緒——也就是在 web worker 之外執行 JavaScript 時可用的預設執行緒——不允許呼叫這個方法，至少在瀏覽器中是如此。原因是鎖定主執行緒會帶來非常糟糕的使用者體驗，以至於 API 作者甚至不想允許這件事發生。如果您確實嘗試在瀏覽器的主執行緒中呼叫此方法，則會出現以下錯誤之一：

```
# Firefox
Uncaught TypeError: waiting is not allowed on this thread
```

```
# Chrome v90
Uncaught TypeError: Atomics.wait cannot be called in this context
```

另一方面，Node.js 確實允許在主執行緒中呼叫 Atomics.wait()。由於 Node.js 沒有 UI，所以這不一定是件壞事。事實上，在編寫可以接受呼叫 fs.readFileSync() 的腳本時，它會很有用。

如果您是一名 JavaScript 開發人員，曾在一家擁有行動或桌面開發人員的公司工作，您可能會無意中聽到他們談論「從主執行緒卸載工作」或「鎖定主執行緒」。隨著語言的進步，這些以往屬於原生應用程式開發人員的煩惱，讓我們這些 JavaScript 工程師感到愈發憂心。對於瀏覽器來說，這問題通常稱為**捲動卡頓**（*scroll jank*），即 CPU 太忙而無法在捲動時繪製 UI。

Atomics.notify()

```
awaken = Atomics.notify(typedArray, index, count = Infinity)
```

Atomics.notify()[1] 方法試圖喚醒在相同的 typedArray 和相同的 index 處呼叫 Atomics.wait() 的其他執行緒；如果當前有任何其他執行緒被凍結的話，那麼它們將被喚醒。可以同時有好幾個執行緒被凍結，每個執行緒都在等待通知。然後 count 值會決定要喚醒它們中的多少個。count 值預設為 Infinity，意味著每個執行緒都會被喚醒。但是，如果您有四個執行緒在等待中而我們將值設置為三的話，那麼除了其中之一以外的所有執行緒都將被喚醒。第 100 頁的「時機和不確定性」會檢視這些喚醒的執行緒順序。

---

[1] Atomics.notify() 最初本來將被稱為 Atomics.wake()，就像它的 Linux futex 等效品一樣，但後來被重新命名來防止「wake」和「wait」方法之間產生的視覺混淆。

此方法的傳回值是當方法完成後被喚醒的執行緒數量。如果您要傳入一個指向非共享 `ArrayBuffer` 實例的 `TypedArray` 實例的話,永遠會傳回 0。如果當時沒有執行緒正在偵聽,它也將傳回 0。因為此方法不會阻擋執行緒,它永遠可以從 JavaScript 主執行緒被呼叫。

Atomics.waitAsync()

```
promise = Atomics.waitAsync(typedArray, index, value, timeout = Infinity)
```

這本質上是 `Atomics.wait()` 的 promise 版本,並且是 `Atomics` 系列的最新成員。在撰寫本文時,它在 Node.js v16 和 Chrome v87 中都可用,但在 Firefox 或 Safari 中尚不可使用。

這個方法本質上是 `Atomics.wait()` 一個效能較差的非阻擋版本,它傳回一個會解析等待運算的狀態的 promise。由於效能損失(解析 promise 將比暫停執行緒並傳回字串有更多的額外負擔),它不一定對倚重 CPU 的演算法的熱路徑還會那麼有用;另一方面,在向另一個執行緒發送訊號時,如果使用鎖的更改還比透過 `postMessage()` 來執行訊息傳遞運算更方便的情況下,它可能很有用。由於此方法不會阻擋執行緒,因此可以在應用程式的主執行緒中使用。

添加此方法的驅動因素之一是允許使用 Emscripten 編譯的使用了執行緒的程式碼(將在第 159 頁的「使用 Emscripten 將 C 程式編譯為 WebAssembly」中介紹)在主執行緒中執行,而不僅僅是在 worker 執行緒中執行。

時機和不確定性

為了使應用程式能夠執行正確,它通常需要以確定性(deterministic)的方式執行。`Atomics.notify()` 函數接受一個引數 `count`,包含了要喚醒的執行緒數目。在這種情況下,明顯的問題是:哪些執行緒應該被喚醒,以及要以何種順序被喚醒?

不確定性的例子

執行緒以 *FIFO*(first in, first out,先進先出)的順序被喚醒,這意味著第一個呼叫 `Atomics.wait()` 的執行緒會是第一個被喚醒的,第二個呼叫的會是第二個被喚醒的,依此類推。然而,衡量這一點可能很困難,因為不能保證從不同 worker 列印的日誌訊息會以它們執行的真實順序顯示在終端機中。理想情況下,您應該以無論執行緒被喚醒的順序如何,都可以持續正常工作這種方式來建構您的應用程式。

如果要親自測試，您可以建立一個新應用程式。首先，建立一個名為 *ch5-notify-order/* 的新目錄。在那裏面，首先使用範例 5-1 中的內容建立另一個基本的 *index.html* 檔案。

範例 *5-1 ch5-notify-order/index.html*

```html
<html>
<head>
 <title>Shared Memory for Coordination</title>
 <script src="main.js"></script>
</head>
</html>
```

接下來，建立另一個 *main.js* 檔案，其中包含範例 5-2 中的內容。

範例 *5-2 ch5-notify-order/main.js*

```javascript
if (!crossOriginIsolated) throw new Error('Cannot use SharedArrayBuffer');

const buffer = new SharedArrayBuffer(4);
const view = new Int32Array(buffer);

for (let i = 0; i< 4; i++) { ❶
  const worker = new Worker('worker.js');
  worker.postMessage({buffer, name: i});
}

setTimeout(() => {
  Atomics.notify(view, 0, 3); ❷
}, 500); ❸
```

❶ 實例化了四個專用 worker。

❷ 在索引 0 之處通知共享緩衝區。

❸ 在半秒內發送通知。

該檔案首先建立一個 4 個位元組的緩衝區，這是可以支援所需的 `Int32Array` 視圖的最小緩衝區；接下來，它使用 `for` 迴圈建立四個不同的專用 worker。對於每個 worker，它會立即呼叫適當的 `postMessage()` 呼叫，以傳入緩衝區以及執行緒的標識符。這導致我們將關心五個不同的執行緒；即主執行緒和我們暱稱為 0、1、2 和 3 的執行緒。

JavaScript 建立這些執行緒之後，底層引擎開始工作，組裝資源、配置記憶體，以及在幕後為我們做很多事情。不幸的是，執行這些任務所需的時間是不確定的。例如，我們無法確定完成準備工作每次都需要 100 毫秒。事實上，這個數字會在不同機器之間產生很大的變化，具體取決於核心數量和程式碼執行時機器的繁忙程度。幸運的是，

postMessage() 呼叫基本上已經為我們排好隊了;一旦準備好之後,JavaScript 引擎將呼叫 worker 的 onmessage 函數。

之後,主執行緒完成工作,然後使用 setTimeout 來等待半秒(500 毫秒),最後再呼叫 Atomics.notify()。如果 setTimeout 的值太低,例如只有 10 毫秒,那會發生什麼事呢?又或者如果它是在 setTimeout 之外的同一個堆疊中呼叫的呢?在這種情況下,執行緒還沒有被初始化,worker 就沒有時間呼叫 Atomics.wait(),因此呼叫會立即傳回 0。如果時間值太高會發生什麼呢?應用程式可能會非常緩慢,要不然就是可能會超過 Atomics.wait() 使用的任何 timeout。

在 Thomas 的筆記型電腦上,穩定表現的閾值似乎在 120 毫秒左右。在這個時間點上,有些執行緒已經準備好,但有些還沒有;在大約 100 毫秒時,通常沒有一個執行緒已經準備好;而在 180 毫秒時,通常所有執行緒都準備就緒了。但在程式設計中我們不喜歡使用*通常*這個詞,我們很難知道執行緒已經就緒之前的所花的確切時間。通常這是第一次啟動應用程式時才要面對的問題,而不是在應用程式的整個生命週期中都應存在的問題。

要完成應用程式,請建立一個名為 *worker.js* 的檔案,並將範例 5-3 中的內容添加到其中。

範例 *5-3 ch5-notify-order/worker.js*

```
self.onmessage = ({data: {buffer, name}}) => {
  const view = new Int32Array(buffer);
  console.log(`Worker ${name} started`);
  const result = Atomics.wait(view, 0, 0, 1000);❶
  console.log(`Worker ${name} awoken with ${result}`);
};
```

❶ 最多等待緩衝區中的第 0 個條目 1 秒,並假設其初始值為 0。

worker 執行緒會接受共享緩衝區和 worker 執行緒的名稱並儲存這些值,並列印執行緒已初始化的訊息。然後它使用緩衝區的第 0 個索引呼叫 Atomics.wait(),它假定緩衝區的初始值已設為 0(確實如此,因為我們尚未修改該值)。這個呼叫還使用一秒(1,000 毫秒)的 timeout 值。最後,一旦方法呼叫完成後,值就會被列印在終端機中。

建立完這些檔案後，請切換到終端機並執行另一個 web 伺服器來查看內容。同樣的，您可以透過執行以下命令來執行此操作：

```
$ npx MultithreadedJSBook/serve .
```

像往常一樣，導航到終端機所列印的 URL 並開啟控制台。如果您沒有看到任何輸出的話，您可能需要刷新網頁以再次執行應用程式。表 5-2 包含了測試執行的輸出。

表 5-2 非確定性輸出的範例

日誌	位置
Worker 1 started	worker.js:4:11
Worker 0 started	worker.js:4:11
Worker 3 started	worker.js:4:11
Worker 2 started	worker.js:4:11
Worker 0 awoken with ok	worker.js:7:11
Worker 3 awoken with ok	worker.js:7:11
Worker 1 awoken with ok	worker.js:7:11
Worker 2 awoken with timed-out	worker.js:7:11

您很可能會得到不同的輸出。事實上，如果您再次刷新網頁，您可能會再次得到不同的輸出。或者您甚至可能在多次的執行中得到相同的輸出，但是在理想情況下，和最後那個「started」訊息一起列印的 worker 名稱，也將是那個在「time-out」訊息中失敗的worker。

這個輸出可能有點混亂。前面我們說過順序應該是依 FIFO 排序的，但是這裡的數字卻不是從 0 到 3 的順序排列。原因是這個順序並不依賴於建立執行緒的順序 (0, 1, 2, 3)，而是執行緒執行 `Atomics.wait()` 呼叫的順序（在本例中為 1、0、3、2）。即使考慮到這一點「awoken」訊息的順序還是令人困惑（在這種情況下為 0、3、1、2）。這可能是由於 JavaScript 引擎中不同執行緒在列印訊息所導致的競爭條件，而這些執行緒可能幾乎在同一時刻進行列印。

列印後，訊息不會直接顯示在螢幕上。如果發生這種情況，那麼訊息可能會相互覆蓋，最終會出現像素的視覺撕裂。取而代之的是，引擎將要列印的訊息排入佇列，而瀏覽器內部的一些其他機制（但對我們開發人員來說是隱藏的）則決定了它們從佇列中被取出並列印到螢幕的順序。因此，兩組訊息的順序不一定相關。但真正能告訴我們任何順序的唯一方法是超時（time out）的訊息恰好來自最後一個啟動的（started）執行緒。事實上，在本案例中，「timed-out」訊息總是來自最後一個啟動的 worker。

偵測執行緒準備情況

這個實驗引發了一個問題：應用程式如何確定性的知道執行緒在何時完成了初始設定並準備好開始工作了？

一種簡單的方法是在 worker 執行緒中呼叫 postMessage()，以在 onmessage() 處理程式期間的某個時刻回發（post back）到父執行緒。這是有用的，因為一旦 onmessage() 處理程式被呼叫了，worker 執行緒就已完成了它的初始設定，而且現在正在執行 JavaScript 程式碼。

這是實現這一目標的最快方法的範例。首先，複製您建立的 *ch5-notify-order/* 目錄並將其貼上成為新的 *ch5-notify-when-ready/* 目錄。在此目錄中，*index.html* 檔案將保持不變，但兩個 JavaScript 檔案將被更新。首先，更新 *main.js* 以包含範例 5-4 中的內容。

範例 *5-4 ch5-notify-when-ready/main.js*

```
if (!crossOriginIsolated) throw new Error('Cannot use SharedArrayBuffer');

const buffer = new SharedArrayBuffer(4);
const view = new Int32Array(buffer);
const now = Date.now();
let count = 4;

for (let i = 0; i< 4; i++) { ❶
  const worker = new Worker('worker.js');
  worker.postMessage({buffer, name: i}); ❷
  worker.onmessage = () => {
   console.log(`Ready; id=${i}, count=${--count}, time=${Date.now() - now}ms`);
   if (count === 0) { ❸
     Atomics.notify(view, 0);
   }
  };
}
```

❶ 實例化四個 worker。

❷ 立即向 worker 發布訊息。

❸ 一旦所有 worker 都回覆時，在第 0 個條目上發送通知。

該腳本已被修改，以便在所有 worker 都將訊息發回主執行緒後呼叫 Atomics. notify()。一旦第四個也就是最後一個 worker 發布了訊息之後，就會發送通知。這允許應用程式在準備好的時後立即發布訊息，在最好的情況下，可能會節省數百毫秒，並在最壞的情況下可以防止失敗（例如在非常慢的單核心電腦上執行程式碼時）。

Atomics.notify() 呼叫也已更新為只是簡單的喚醒所有執行緒，而不是三個執行緒，並且超時已設置成預設值 Infinity。這樣做是為了表明每個執行緒都會按時收到訊息。

接下來，更新 *worker.js* 以包含範例 5-5 中的內容。

範例 *5-5 ch5-notify-when-ready/worker.js*

```
self.onmessage = ({data: {buffer, name}}) => {
  postMessage('ready'); ❶
  const view = new Int32Array(buffer);
  console.log(`Worker ${name} started`);
  const result = Atomics.wait(view, 0, 0); ❷
  console.log(`Worker ${name} awoken with ${result}`);
};
```

❶ 將訊息發回父執行緒以表示準備好了。

❷ 等待第 0 個條目的通知。

這次 onmessage 處理程式會立即呼叫 postMessage() 將訊息發送回父執行緒。然後，等待（wait）呼叫在不久之後發生。從技術上講，如果父執行緒在 Atomics.wait() 呼叫之前就以某種方式接收訊息的話，那麼應用程式可能會中斷。但是程式碼所仰賴的事實是，訊息傳遞會比在同步的 JavaScript 函數中迭代程式碼還慢得多。

您要記住的一件事是呼叫 Atomics.wait() 會暫停執行緒。這意味著 postMessage() 在此之後就不能被呼叫。

當您執行這段程式碼時，新的日誌會列印出三個資訊：執行緒的名稱、倒數（總是按3、2、1、0 的順序），最後是執行緒從腳本啟動開始到它準備就緒所花費的時間。執行您之前所執行的相同命令，並在瀏覽器中開啟它產生出來的 URL。表 5-3 包含一些範例執行的日誌輸出。

表 5-3　執行緒開始時間

Firefox v88	Chrome v90
T1, 86ms	T0, 21ms
T0, 99ms	T1, 24ms
T2, 101ms	T2, 26ms
T3, 108ms	T3, 29ms

在此案例中，對於 16 核心的筆記型電腦來說，Firefox 初始化 worker 執行緒的時間似乎是 Chrome 的四倍。此外，Firefox 提供了比 Chrome 更隨機的執行緒順序。每次刷新網頁時，Firefox 的執行緒順序都會發生變化，但 Chrome 中的順序不會。這表明 Chrome 使用的 V8 引擎比 Firefox 使用的 SpiderMonkey 引擎，更適合啟動新的 JavaScript 環境或實例化瀏覽器 API。

請務必在多個瀏覽器中測試此程式碼以比較您獲得的結果。您要記住的另一件事是初始化執行緒所需的速度，也可能取決於電腦上可用的核心數量。事實上，為了讓這個程式獲得一些額外的樂趣，請將指派給 count 變數和 for 迴圈中的值 4 更改為更大的數字，然後再執行程式碼，看看會發生什麼事。將值增加到 128 後，兩個瀏覽器初始化執行緒所花費的時間都增加了很多。這也會一直打破在 Chrome 上準備的執行緒的順序。通常使用過多執行緒時效能會降低，這在第 172 頁的「低核心計數」中進行了更詳細的檢視。

應用範例：康威的生命遊戲

現在我們已經瞭解了 Atomics.wait() 和 Atomics.notify()，是時候看看一個具體的例子了。我們將使用康威的生命遊戲（Conway's Game of Life），這是一個成熟的概念，而且本質上適用於平行程式設計。這個「遊戲」實際上是對人口增長和衰減的模擬。這種模擬存在的「世界」是處於兩種狀態之一的細胞網格：存活或死亡。模擬是以迭代方式運作，並且在每次迭代時，會對每個細胞執行以下演算法。

1. 如果細胞是存活的：
   a. 如果有 2 或 3 個鄰居是存活的話，則該細胞保持存活。
   b. 如果有 0 或 1 個鄰居存活著，細胞就會死亡（這模擬人口不足會導致死亡）。
   c. 如果有 4 個或更多的鄰居存活著，細胞就會死亡（這模擬人口過剩會導致死亡）。

2. 如果細胞已死亡：
   a. 如果恰好有 3 個鄰居存活著，則細胞變成存活著（這模擬了繁殖）。
   b. 在任何其他情況下，細胞保持死亡。

當談到「存活的鄰居」時，我們指的是任何離當前細胞最多一個單位距離的細胞，包括對角線方向，而且我們指的是本次迭代之前的狀態。我們可以將這些規則簡化為以下內容。

1. 如果正好有 3 個鄰居存活著，則新的細胞狀態是存活著的（不管它之前的狀態為何）。

2. 如果該細胞是存活的，並且恰好有 2 個相鄰細胞是存活的，則該細胞仍然是存活的。

3. 在所有其他情況下，新的細胞狀態是死亡的。

對於我們的實作，我們將做出以下假設：

- 網格是一個正方形。這是一種稍微的簡化，讓我們可以少擔心一個維度。
- 網格像環面（torus）一樣環繞自己，這意味著當我們處於邊緣時，我們需要評估邊界外的相鄰細胞，而我們將查看的是位於另一端的細胞。

我們將為 web 瀏覽器編寫程式碼，因為它們為我們提供了一個方便的畫布元素，用於繪製遊戲世界的狀態。話雖如此，將範例修改為可供其他具有某種影像渲染的環境使用是相對簡單的事。在 Node.js 中，您甚至可以使用 ANSI 跳脫碼（escape code）來寫入到終端機。

單執行緒生命遊戲

首先，我們將建構一個 Grid 類別，它會將我們的生命遊戲世界保存為一個陣列並處理每次的迭代。我們將以與前端無關的方式來建構它，我們甚至會在不需要對多執行緒範例進行任何更改的情況下讓它還是可用。為了正確的模擬生命遊戲，需要一個多維陣列來表達細胞網格。我們可以使用陣列的陣列，但為了讓以後更容易，我們將它儲存在一個一維陣列中（實際上是一個 Uint8Array），然後對於坐標為 x 和 y 的任何細胞來說，我們將它儲存在陣列中的 cells[size * x + y] 處。我們共需要使用到兩個陣列，其中一個用於表達當前狀態，另一個用於表達前一個狀態。為了在稍後嘗試進行另一次簡化工作，我們將它們按順序儲存在同一個 ArrayBuffer 中。

請建立一個名為 *ch5-game-of-life/* 的目錄,並將範例 5-6 的內容添加到該目錄中的 *gol.js* 中。

範例 *5-6 ch5-game-of-life/gol.js*(第一部分)

```
class Grid {
  constructor(size, buffer, paint = () =>{}) {
    const sizeSquared = size * size;
    this.buffer = buffer;
    this.size = size;
    this.cells = new Uint8Array(this.buffer, 0, sizeSquared);
    this.nextCells = new Uint8Array(this.buffer, sizeSquared, sizeSquared);
    this.paint = paint;
  }
```

在這裡,我們使用建構子函數開始了 `Grid` 類別。它會接受一個 `size`,也就是我們的正方形的寬度、還有一個稱為 `buffer` 的 `ArrayBuffer`、以及一個我們稍後將使用的 `paint` 函數。然後,我們將 `cells` 和 `nextCells` 建立為肩併肩儲存在 `buffer` 中的 `Uint8Array` 實例。

接下來,我們可以添加稍後在執行迭代時所需的細胞檢索方法。請添加範例 5-7 中的程式碼。

範例 *5-7 ch5-game-of-life/gol.js*(第二部分)

```
  getCell(x, y) {
    const size = this.size;
    const sizeM1 = size - 1;
    x = x< 0 ? sizeM1 : x >sizeM1 ? 0 : x;
    y = y< 0 ? sizeM1 : y >sizeM1 ? 0 : y;
    return this.cells[size * x + y];
  }
```

要檢索具有給定坐標集合的細胞,我們需要對索引進行正規化(normalize)。回想一下,我們說的是環繞的網格。我們在這裡完成的正規化,能夠確保如果我們比範圍還高出或低於一個單位的話,我們會檢索此範圍另一端的細胞。

現在,我們將添加在每次迭代中要執行的實際演算法。請添加範例 5-8 中的程式碼。

範例 *5-8 ch5-game-of-life/gol.js*(第三部分)

```
  static NEIGHBORS = [ ❶
    [-1, -1], [-1, 0], [-1, 1], [0, -1], [0, 1], [1, -1], [1, 0], [1, 1]
  ];

  iterate(minX, minY, maxX, maxY) { ❷
```

```
    const size = this.size;

    for (let x = minX; x< maxX; x++) {
      for (let y = minY; y< maxY; y++) {
        const cell = this.cells[size * x + y];
        let alive = 0;
        for (const [i, j] of Grid.NEIGHBORS) {
          alive += this.getCell(x + i, y + j);
        }
        const newCell = alive === 3 || (cell && alive === 2) ? 1 : 0;
        this.nextCells[size * x + y] = newCell;
        this.paint(newCell, x, y);
      }
    }

    const cells = this.nextCells;
    this.nextCells = this.cells;
    this.cells = cells;
  }
}
```

❶ 演算法中使用了鄰居坐標集合，來查看八個方向上的相鄰細胞。我們將把這個陣列放
   在手邊，因為我們需要對每個細胞使用它。

❷ iterate() 方法接受一個操作的範圍，其形式為最小 X 和 Y 值（包含）和最大 X
   和 Y 值（不包含）。對於我們的單執行緒範例來說，它一直都會是 (0, 0, size,
   size)，但在這裏用範圍作為引數，將使在轉向多執行緒實作時更容易拆分，在那實
   作中我們將使用這些 X 和 Y 邊界，把整個網格劃分為每個執行緒去處理的區段。

我們遍歷（loop over）網格中的每個細胞，並為每個細胞取得存活的鄰居數量。我們使
用數字 1 代表存活的細胞，使用數字 0 代表死亡的細胞，因此可以透過將它們全部相加
來計算相鄰存活細胞的數量。一旦有了這個數量後，就可以應用簡化的生命遊戲演算
法。我們將新的細胞狀態儲存在 nextCells 陣列中，然後將新的細胞狀態和坐標提供
給 paint 回呼，以進行視覺化（visualization）。然後我們交換 cells 和 nextCells 陣
列以供後續迭代使用。這樣，在每次迭代中，cells 總是代表前一次迭代的結果，而
newCell 總是代表當前迭代的結果。

到目前為止的所有程式碼，都將與我們的多執行緒實作進行共享。完成 Grid 類別後，
我們現在可以繼續建立和初始化 Grid 實例並將其綁定到我們的 UI。請添加範例 5-9 中
的程式碼。

範例 *5-9 ch5-game-of-life/gol.js 第四部分*

```javascript
const BLACK = 0xFF000000; ❶
const WHITE = 0xFFFFFFFF;
const SIZE = 1000;

const iterationCounter = document.getElementById('iteration'); ❷
const gridCanvas = document.getElementById('gridcanvas');
gridCanvas.height = SIZE;
gridCanvas.width = SIZE;
const ctx = gridCanvas.getContext('2d');
const data = ctx.createImageData(SIZE, SIZE); ❸
const buf = new Uint32Array(data.data.buffer);

function paint(cell, x, y) { ❹
  buf[SIZE * x + y] = cell ? BLACK : WHITE;
}

const grid = new Grid(SIZE, new ArrayBuffer(2 * SIZE * SIZE), paint); ❺
for (let x = 0; x< SIZE; x++) { ❻
  for (let y = 0; y< SIZE; y++) {
    const cell = Math.random()< 0.5 ? 0 : 1;
    grid.cells[SIZE * x + y] = cell;
    paint(cell, x, y);
  }
}

ctx.putImageData(data, 0, 0); ❼
```

❶ 我們為將要繪製到螢幕上的黑白像素指派一些常數,並設定我們正在使用的網格的大小(實際上是寬度)。請隨意嘗試各種大小,看看生命遊戲在不同的數量級下是怎麼玩的。

❷ 從 HTML(稍後會寫)中獲取迭代計數器和畫布元素;將畫布的寬度和高度設置為 SIZE,並從中獲取 2D 語境以進行處理。

❸ 使用 ImageData 實例,透過 Uint32Array 直接修改畫布上的像素。

❹ 這個 paint() 函數將用在網格的初始化和每次迭代中,以修改支援 ImageData 實例的緩衝區。如果一個細胞還存活著,它會把它塗成黑色。否則,它會把它塗成白色。

❺ 現在我們建立了網格實例,並傳入大小、一個足夠容納 cells 和 nextCells 的 ArrayBuffer,以及我們的 paint() 函數。

❻ 為了初始化網格，我們將遍歷所有細胞，並為每個細胞指派一個隨機的死亡或存活狀態；同時，我們將結果傳遞給 paint() 函數，以確保影像被更新。

❼ 每當修改 ImageData 時，我們都需要將其添加回畫布，因此我們現在完成初始化時進行這件事。

終於準備就緒開始執行迭代了。請添加範例 5-10 中的程式碼。

範例 5-10 ch5-game-of-life/gol.js 第五部分

```javascript
let iteration = 0;
function iterate(...args) {
  grid.iterate(...args);
  ctx.putImageData(data, 0, 0);
  iterationCounter.innerHTML = ++iteration;
  window.requestAnimationFrame(() =>iterate(...args));
}

iterate(0, 0, SIZE, SIZE);
```

在每次迭代中，我們首先會呼叫 grid.iterate() 方法，該方法會根據需要來修改細胞。請注意，它為每個細胞呼叫了 paint() 函數，因此一旦發生這種情況，而我們的影像資料又已經設置好了，此時我們只需要使用 putImageData()，將其添加到畫布語境中。然後，我們將更新網頁上的迭代計數器，並在 requestAnimationFrame() 回呼中安排另一個迭代發生。最後，我們透過對 iterate() 進行初始呼叫來啟動一切。

我們已經完成了 JavaScript 的部份，但現在我們需要支援 HTML。幸運的是，這些程式碼很短。請將範例 5-11 的內容添加到同一目錄中名為 *gol.html* 的檔案中，然後在瀏覽器中打開該檔案。

範例 5-11 ch5-game-of-life/gol.html

```html
<h3>Iteration:<span id="iteration">0</span></h3>
<canvas id="gridcanvas"></canvas>
<script src="gol.js"></script>
```

您現在應該會看到一個顯示了康威生命遊戲的 1,000 x 1,000 的影像，它會儘可能的以最快的速度進行迭代。它看起來應該類似於圖 5-1。

根據您所使用的電腦，您可能會發現這有點延滯（lag），而不是既清晰又流暢。對所有細胞進行迭代，並對它們執行計算需要大量的計算能力。為了加快速度，讓我們使用 web worker 執行緒來利用您機器上的更多的 CPU 核心。

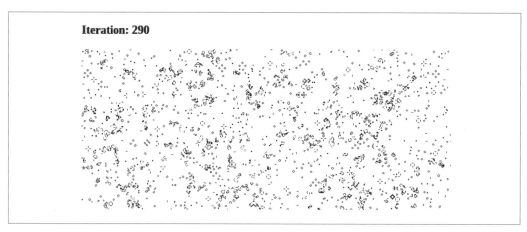

圖 5-1　290 次迭代後的康威生命遊戲

多執行緒生命遊戲

我們的生命遊戲的多執行緒實作版本可以重新使用大量的程式碼。特別的是，我們不會改變 HTML，也不會改變我們的 Grid 類別。我們將設置一些 worker 執行緒，並建立一個額外的 worker 執行緒來協調和修改影像資料。我們需要那個額外的執行緒，因為我們不能在主瀏覽器執行緒上使用 Atomics.wait()。我們將使用 SharedArrayBuffer，而不是單執行緒範例中使用的正規的 ArrayBuffer。為了協調執行緒，需要 8 個位元組來進行協調，特別是用了 4 個位元組在每個方向上進行同步，因為 Atomics.wait() 至少需要一個 Int32Array。由於我們的協調執行緒也將產生影像資料，還需要足夠的共享記憶體來保存它。對於邊長為 SIZE 的網格來說，這意味著 SharedArrayBuffer 的記憶體佈局如表 5-4 所示。

表 5-4　四個 worker 執行緒的記憶體佈局

目的	位元組數量
細胞（或下個細胞）	SIZE * SIZE
影像資料	4 * SIZE * SIZE
worker 執行緒等待	4
協調執行緒等待	4

要從這裡開始，請將上一個範例中的 *.html* 和 *.js* 檔案，分別複製到名為 *thread-gol.html* 和 *thread-gol.js* 的新檔案中。編輯 thread-gol.html 以參照這個新的 JavaScript 檔案。

刪除在 Grid 類別定義之後的所有內容，接下來要做的是設置一些常數。請將範例 5-12 添加到 *thread-gol.js* 中。

範例 *5-12 ch5-game-of-life/thread-gol.js 第一部分*

```
const BLACK = 0xFF000000;
const WHITE = 0xFFFFFFFF;
const SIZE = 1000;
const THREADS = 5; // 必須能整除 SIZE

const imageOffset = 2 * SIZE * SIZE;
const syncOffset = imageOffset + 4 * SIZE * SIZE;

const isMainThread = !!self.window;
```

BLACK、WHITE 和 SIZE 常數的用途與單執行緒範例中的用途相同。我們將這個 THREADS 常數設置為 SIZE 的任何除數（divisor），它將代表我們為進行生命遊戲計算而產生 的 worker 執行緒數量。把網格分成可由每個執行緒處理的分塊（chunk），請隨意設定 THREADS 和 SIZE 變數的大小，只要 THREADS 能夠整除 SIZE 就好。我們需要影像資料和 同步位元組儲存位置的偏移量（offset），所以那些也在這裏處理。最後在主執行緒和任 何 worker 執行緒上執行同一個檔案，所以也需要一種方法來知道我們是否在主執行緒 上。

接下來，我們將開始編寫主執行緒的程式碼。請添加範例 5-13 的內容。

範例 *5-13 ch5-game-of-life/thread-gol.js 第二部分*

```
if (isMainThread) {
  const gridCanvas = document.getElementById('gridcanvas');
  gridCanvas.height = SIZE;
  gridCanvas.width = SIZE;
  const ctx = gridCanvas.getContext('2d');
  const iterationCounter = document.getElementById('iteration');

  const sharedMemory = new SharedArrayBuffer( ❶
    syncOffset + // data + imageData
    THREADS * 4 // 同步
  );
  const imageData = new ImageData(SIZE, SIZE);
  const cells = new Uint8Array(sharedMemory, 0, imageOffset);
  const sharedImageBuf = new Uint32Array(sharedMemory, imageOffset);
  const sharedImageBuf8 =
    new Uint8ClampedArray(sharedMemory, imageOffset, 4 * SIZE * SIZE);

  for (let x = 0; x< SIZE; x++) {
```

```
    for (let y = 0; y< SIZE; y++) {
      // 50% 的機會細胞是存活的
      const cell = Math.random()< 0.5 ? 0 : 1;
      cells[SIZE * x + y] = cell;
      sharedImageBuf[SIZE * x + y] = cell ? BLACK : WHITE;
    }
  }

  imageData.data.set(sharedImageBuf8);
  ctx.putImageData(imageData, 0, 0);
```

❶ SharedArrayBuffer 比 syncOffset 晚 16 個位元組結束，因為四個執行緒中的每一個都需要 4 個位元組來同步。

第一部分與單執行緒範例大致相同，我們只是抓取 DOM 元素並設置網格大小。接下來，我們會設置 SharedArrayBuffer，將其稱為 sharedMemory，並在細胞（我們將很快為其賦值）上放置視圖並獲取影像資料。我們將對影像資料使用 Uint32Array 和 Uint8ClampedArray，分別用於修改和指派給 ImageData 實例。

然後我們將隨機的初始化網格，同時相應的修改影像資料，並將該影像資料填充到畫布語境中。這樣就設置了網格的初始狀態。此時，我們就可以開始產生 worker 執行緒。請添加範例 5-14 的內容。

範例 5-14 ch5-game-of-life/thread-gol.js 第三部分

```
const chunkSize = SIZE / THREADS;
for (let i = 0; i< THREADS; i++) {
  const worker = new Worker('thread-gol.js', { name: `gol-worker-${i}` });
  worker.postMessage({
    range: [0, chunkSize * i, SIZE, chunkSize * (i + 1)],
    sharedMemory,
    i
  });
}

const coordWorker = new Worker('thread-gol.js', { name: 'gol-coordination' });
coordWorker.postMessage({ coord: true, sharedMemory });

let iteration = 0;
coordWorker.addEventListener('message', () => {
  imageData.data.set(sharedImageBuf8);
  ctx.putImageData(imageData, 0, 0);
  iterationCounter.innerHTML = ++iteration;
  window.requestAnimationFrame(() => coordWorker.postMessage({}));
});
```

我們在一個迴圈中設置了一些 worker 執行緒。對於每一個執行緒來說，為了除錯目的我們將給它一個唯一的名稱，向它發送一則訊息，告訴它我們希望它執行的網格的範圍（也就是邊界 minX、minY、maxX 和 maxY），然後將 sharedMemory 發送給它。接著添加一個協調 worker，將 sharedMemory 傳遞給它，並透過訊息讓它知道它是協調 worker。

主瀏覽器執行緒將只與這個協調 worker 交談。我們會將它設置成在每次收到訊息時，會透過發布訊息來進行迴圈，但前提是要從 SharedMemory 獲取影像資料、進行適當的 UI 更新，並請求一動畫圖框。

剩下的程式碼會在其他執行緒中執行。請添加例 5-15 的內容。

範例 *5-15 ch5-game-of-life/thread-gol.js*（第四部分）

```
} else {
  let sharedMemory;
  let sync;
  let sharedImageBuf;
  let cells;
  let nextCells;

  self.addEventListener('message', initListener);

  function initListener(msg) {
    const opts = msg.data;
    sharedMemory = opts.sharedMemory;
    sync = new Int32Array(sharedMemory, syncOffset);
    self.removeEventListener('message', initListener);
    if (opts.coord) {
      self.addEventListener('message', runCoord);
      cells = new Uint8Array(sharedMemory);
      nextCells = new Uint8Array(sharedMemory, SIZE * SIZE);
      sharedImageBuf = new Uint32Array(sharedMemory, imageOffset);
      runCoord();
    } else {
      runWorker(opts);
    }
  }
```

我們現在是在 isMainThread 條件的另一邊，所以知道是在 worker 執行緒或協調執行緒中。在這裡，我們宣告了一些變數，然後為 message 事件添加了一個初始偵聽器。無論這是協調執行緒還是 worker 執行緒，都需要填充 sharedMemory 和 sync 變數，因此我們在偵聽器中指派它們，然後刪除了初始化偵聽器，因為不再需要它了。worker 執行緒根本不會依賴訊息傳遞，而且協調執行緒將會有一個不同的偵聽器，稍後就會看到這點。

如果已經初始化了一個協調執行緒，我們將添加一個新的 `message` 偵聽器；也就是稍後會定義的一個 `runCoord` 函數。然後將取得對 `cells` 和 `nextCells` 的參照，因為需要追蹤與 worker 執行緒裏 `Grid` 實例中所進行的事情不同的協調執行緒。由於是在協調執行緒上產生影像，因此也需要做這件事，然後執行 `runCoord` 的第一次迭代。如果已經初始化了一個 worker 執行緒的話，只需將選項（包含要操作的範圍）傳遞給 `runWorker()` 就可以了。

現在繼續定義 `runWorker()`。請添加範例 5-16 的內容。

範例 *5-16 ch5-game-of-life/thread-gol.js* 第五部分

```
function runWorker({ range, i }) {
  const grid = new Grid(SIZE, sharedMemory);
  while (true) {
    Atomics.wait(sync, i, 0);
    grid.iterate(...range);
    Atomics.store(sync, i, 0);
    Atomics.notify(sync, i);
  }
}
```

worker 執行緒是唯一需要 `Grid` 類別實例的執行緒，因此我們會先將它實例化，並將 `sharedMemory` 作為備援緩衝區來傳遞。這是有用的，因為我們決定了 `sharedMemory` 的第一部分應該是 `cells` 和 `nextCells`，就像在單執行緒範例中一樣。

然後我們開始無限迴圈。迴圈內會執行以下運算：

1. 它對 `sync` 陣列的第 `i` 個元素執行 `Atomics.wait()`。在協調執行緒中，執行適當的 `Atomics.notify()`，以允許此運算繼續進行。我們會在這裡等待協調執行緒，否則可能會在其他執行緒已經準備好而且資料已進入主瀏覽器執行緒之前，就開始更改資料，並交換對於 `cells` 和 `nextCells` 的參照。

   然後它會在 `Grid` 實例上執行迭代。請記住，我們僅會在協調執行緒透過 `range` 屬性所指明之範圍上進行運算。

2. 完成後，它會通知主執行緒說已完成此任務。這是透過使用 `Atomics.store()` 將 `sync` 陣列的第 `i` 個元素設置為 `1`，再透過 `Atomics.notify()` 來喚醒等待中的執行緒來完成。我們使用從 `0` 狀態轉換為其他狀態，來作為我們應該進行某些工作的指示器，並使用返回到 `0` 狀態的轉換，來通知我們已經完成了工作。

我們使用 Atomics.wait() 在 worker 執行緒修改資料時，停止協調執行緒的執行，然後在協調執行緒工作時使用 Atomics.wait() 來停止 worker 執行緒。在任何一方，我們都會使用 Atomics.notify() 來喚醒另一個執行緒，並立即返回到等待狀態，等待另一個執行緒送通知回來。因為我們使用原子運算來修改資料以及控制修改的時間，所以我們知道所有的資料存取都會是循序一致的（*sequentially consistent*）。在跨執行緒的交錯程式流中，不會發生死結（deadlock），是因為我們總是在協調執行緒和 worker 執行緒之間來回執行。worker 執行緒永遠不會在彼此的記憶體的相同部分上執行，因此我們不必僅從 worker 執行緒的角度來擔心這個概念。

worker 執行緒可以無限的執行，不必擔心無限迴圈，因為它只會在 Atomics.wait() 返回時繼續進行，這將需要另一個執行緒為同一個陣列元素呼叫 Atomics.notify()。

讓我們用 runCoord() 函數來結束這裡的程式碼，該函數在初始化訊息之後會透過來自主瀏覽器執行緒的訊息而觸發。請添加範例 5-17 的內容。

範例 *5-17 ch5-game-of-life/thread-gol.js*（第六部分）

```
function runCoord() {
  for (let i = 0; i< THREADS; i++) {
    Atomics.store(sync, i, 1);
    Atomics.notify(sync, i);
  }
  for (let i = 0; i< THREADS; i++) {
    Atomics.wait(sync, i, 1);
  }
  const oldCells = cells;
  cells = nextCells;
  nextCells = oldCells;
  for (let x = 0; x< SIZE; x++) {
    for (let y = 0; y< SIZE; y++) {
      sharedImageBuf[SIZE * x + y] = cells[SIZE * x + y] ? BLACK : WHITE;
    }
  }
  self.postMessage({});
}
```

這裡發生的第一件事，是協調執行緒透過了每個 worker 執行緒的 sync 陣列的第 i 個元素通知 worker 執行緒，以喚醒它們來執行迭代。當它們完成時，將透過 sync 陣列的相同元素進行通知，因此我們將等待它們發生。這裏的每一個 Atomics.wait() 呼叫都會阻擋執行緒執行的這件事，正是我們一開始為何需要這個協調執行緒的原因，而不只是在主瀏覽器執行緒上執行所有運算。

接下來，交換 cells 和 nextCells 的參照。worker 已經在 iterate() 方法中為自己做了這件事，所以我們需要在這裡效仿。然後準備迭代所有的 cells，並將它們的值轉換為影像資料中的像素。最後，向主瀏覽器執行緒發回一則訊息，表明資料已準備好在 UI 中顯示了。協調執行緒在下一次收到訊息之前會無所事事，收到後會再次執行 runCoord。此方法完成了範例 5-14 中開始的概念迴圈。

現在終於完成了！要查看 HTML 檔案，請記住為了要使用 SharedArrayBuffer，需要一個以已設置特定標頭來執行的伺服器。為了如此，請在您的 *ch5-game-of-life* 目錄中執行以下命令：

```
$ npx MultithreadedJSBook/serve .
```

然後將 */thread-gol.html* 附加到它提供的 URL 之後，以查看我們執行的康威生命遊戲的多執行緒實作。因為沒有更改任何的 UI 程式碼，它看起來應該和圖 5-1 中的單執行緒範例完全相同。您看到的唯一差別應該是效能，迭代之間的轉換可能看起來更加平滑和快速。這不是您的想像！我們已經將計算細胞狀態和繪製像素的工作轉移到了單獨的執行緒中，因此現在主執行緒可以更全心全意的讓動畫更流暢，而且迭代會發生得更快，因為我們平行的使用更多的 CPU 核心來完成工作。

最重要的是，透過使用 Atomics.notify() 來讓其他執行緒知道，它們可以在使用 Atomics.wait() 暫停之後還可以繼續執行，從而避免了大部分為了進行協調而在執行緒之間傳遞訊息的這種額外負擔。

Atomic 與事件

JavaScript 的核心是事件迴圈，它允許此語言建立新的呼叫堆疊並處理事件。它會一直存在，而我們這種 JavaScript 工程師也一直依賴著它。這對於在瀏覽器中執行的 JavaScript（在此您可能有 jQuery 正在偵聽 DOM 中的單擊事件）或在伺服器上執行的 JavaScript（在此您可能有 Fastify 伺服器等待著傳入的 TCP 連結建立起來）是不爭的事實。

新成員出現了：Atomics.wait() 和共享記憶體。這種樣式現在允許應用程式停止 JavaScript 的執行，從而導致事件迴圈完全停止運作。因此，您不能簡單的開始丟出呼叫以在您的應用程式中使用多執行緒，並期望它毫無問題地工作。相反的，您必須遵循某些限制才能使應用程式可以良好的運作。

當涉及到瀏覽器時，會有一個這樣的限制被提醒出來：應用程式的主執行緒不應呼叫 Atomics.wait()。而且，雖然它可以出現在一個簡單的 Node.js 腳本中，但您真的應該避免在更大的應用程式中這樣做。例如，如果您的 Node.js 主執行緒正在處理傳入的 HTTP 請求，或者有一個用於接收作業系統信號的處理程式，那麼當一個等待運算開始時事件迴圈卻停止時會發生什麼事呢？範例 5-18 就是這樣一個程式的範例。

範例 5-18 ch5-node-block/main.js

```
#!/usr/bin/env node

const http = require('http');

const view = new Int32Array(new SharedArrayBuffer(4));
setInterval(() =>Atomics.wait(view, 0, 0, 1900), 2000); ❶

const server = http.createServer((req, res) => {
  res.end('Hello World');
});

server.listen(1337, (err, addr) => {
  if (err) throw err;
  console.log('http://localhost:1337/');
});
```

❶ 應用程式每 2 秒暫停 1.9 秒

如果您願意的話，請為此檔案建立一個目錄，並透過執行以下命令來執行伺服器：

```
$ node main.js
```

一旦執行後，在您的終端機中執行以下命令數次，並且在每次呼叫之間等待一段隨機的時間：

```
$ time curl http://localhost:1337
```

這個應用程式首先會建立一個 HTTP 伺服器並偵聽請求。然後每隔兩秒就會呼叫一次 Atomics.wait()。它的配置方式會使應用程式凍結 1.9 秒，來誇大長時間停頓的影響。您正在執行的 curl 命令以 time 命令開頭，它會顯示接下來的命令執行時所需的時間。然後，您的輸出將在 0 到 1.9 秒之間隨機變化，這對 web 請求來說是一大段的暫停時間。即使您將超時值降低到越來越接近於 0，您仍然會感受到所有傳入的請求都會有點斷斷續續的。如果 web 瀏覽器允許在主執行緒中呼叫 Atomics.wait()，那麼您在今天訪問的網站中，肯定會遇到來自這個原因的斷斷續續問題。

另一個問題仍然存在著：考慮到每個執行緒都有自己的事件迴圈，應用程式產生的每個額外的執行緒應該受到什麼樣的限制？

我們的建議是提前指定每個衍生執行緒的主要目的。每個執行緒要嘛就成為大量使用 Atomics 呼叫的 CPU 密集型執行緒，要不然就成為做出最少 Atomics 呼叫的事件密集型執行緒。使用這種方法，您可能擁有一個在真正意義上的 worker 執行緒，不斷執行複雜的計算，並將結果寫入共享陣列緩衝區。您還會有主執行緒，主要是透過訊息傳遞，來進行通訊和執行基於事件迴圈的工作再有呼叫 Atomics.wait() 的簡單的中間執行緒可能是有意義的，因為它們會等待另一個執行緒完成工作，然後呼叫 postMessage() 將結果資料發送回主執行緒，以用更高層次的方式來處理結果。

總結本節中的概念：

- 不要在主執行緒中使用 Atomics.wait()。
- 指明哪些執行緒會佔用大量 CPU 資源並使用大量的 Atomics 呼叫，以及哪些執行緒會處理事件。
- 考慮使用簡單的「橋接」執行緒在適當的地方等待和發布訊息。

這些是您在設計應用程式時可以遵循的一些非常高階的指南，有時一些更具體的樣式確實有助於推動這一點。第 6 章包含了一些您可能會覺得有用的樣式。

多執行緒樣式

用來展現多執行緒的 JavaScript API 就其所提供的功能而言是非常基本的。正如您在第 4 章中所看到的，`SharedArrayBuffer` 的目的是用來儲存資料的原始二進位表達法。甚至第 5 章的 `Atomics` 物件也延續了這種模式，展現了一次只能協調或修改少量位元組的相當原始的方法。

只看這些抽象和低階的 API 會讓人難以看清全局，或者這些 API 的真正用途是什麼。誠然，我們很難將這些概念轉化為對應用程式真正有用的東西，這就是本章的目的。

本章包含在應用程式中實作多執行緒功能的流行設計樣式。這些設計樣式的靈感來自於過去，因為它們都早在 JavaScript 被發明之前就已經存在了，儘管它們的工作展示可能已經以多種形式提供，例如 C++ 教科書，但將它們翻譯成和 JavaScript 一起使用並不總是那麼直接。

透過檢視這些樣式，您將更能瞭解您開發的應用程式會如何從多執行緒中受益。

執行緒池

執行緒池（thread pool）是一種非常流行的樣式，它常以某種形式使用在大多數的多執行緒應用程式中。本質上，執行緒池是同質性 worker 執行緒的集合，每個執行緒都能夠執行應用程式可能會依賴的 CPU 密集型任務。這與您目前所使用的方法有些不同，在目前的方法中，通常會使用單一或有限數量的 worker 執行緒。例如，Node.js 依賴的 `libuv` 程式庫提供了一個執行緒池，預設為四個執行緒，用來執行低階的 I/O 運算。

這種樣式感覺上和您過去可能使用過的分散式系統很類似。例如，對於容器編排（container orchestration）平台來說，通常會有一組機器，每台機器都能夠執行應用程式容器。對於這樣的系統，每台機器可能具有不同的能力，例如執行不同的作業系統或具有不同的記憶體和 CPU 資源。當這種情況發生時，編排器可以根據資源和應用程式來為每台機器分配點（point），然後再消耗這些點；另一方面，執行緒池要簡單得多，因為每個 worker 都能夠執行相同的工作，而且每個執行緒都與另一個執行緒一樣強大，因為它們都在同一台機器上執行。

建立執行緒池時的第一個問題是：池中應該有多少個執行緒？

池的大小

基本上有兩種類型的程式：那些在背景執行的程式，如系統常駐程式（daemon），理想情況下這類程式不應該消耗過多資源；以及在前景執行的程式，任何給定的使用者都更有可能會感知到這類程式的存在，例如桌面應用程式或 web 伺服器。瀏覽器應用程式通常被限制為前景應用程式來執行，而 Node.js 應用程式則可以自由的在背景執行——儘管 Node.js 最常用於建構伺服器，而且經常是容器內的唯一程序。在任何一種情況下，JavaScript 應用程式的意圖通常是成為特定時間點的主要焦點，而且理想上用來實現程式目的所需的任何計算都應盡快的執行。

為了能盡快的執行指令而將它們拆解並平行執行是有意義的。為了最大化 CPU 的使用率，它會認定應用程式應該儘可能平等的使用所給定 CPU 中的每個核心。因此，機器可以用的 CPU 核心數量，應該是用來決定應用程式應該使用的執行緒數量（也就是 worker 執行緒）的因素。

一般而言，執行緒池的大小不需要在應用程式的整個生命週期內動態的更改。通常 worker 的數量的選擇是有原因的，而且這個原因不會經常改變。這就是為什麼您將使用固定大小的執行緒池，此大小是在應用程式啟動時動態選擇的。

以下是取得目前正在執行的 JavaScript 應用程式之可用執行緒數量的慣用方法，具體作法取決於程式碼是在瀏覽器內還是在 Node.js 程序內執行：

```
// 瀏覽器
cores = navigator.hardwareConcurrency;
// Node.js
cores = require('os').cpus().length;
```

需要記住的一件事是，對於大多數作業系統而言，執行緒和 CPU 核心之間沒有直接關聯。例如，當在具有四核心的 CPU 上執行具有四個執行緒的應用程式時，不太可能是第一個核心總是會處理第一個執行緒，第二個核心處理第二個執行緒，依此類推。相反的，作業系統會不斷地移動任務，偶爾會中斷正在執行的程式來處理另一個應用程式的工作。在現代作業系統中，通常有數百個背景程序需要偶爾去檢查一下。這通常意味著單一 CPU 核心將處理多個執行緒的工作。

每次 CPU 核心在程式——或程式的執行緒——之間切換焦點時，都會產生一個小的語境轉換的額外負擔。因此，與 CPU 核心數相比，執行緒過多會導致效能下降。持續的語境切換實際上會使應用程式變慢，因此應用程式應該嘗試減少會想得到作業系統注意的執行緒數量。然而，執行緒太少可能意味著應用程式需要很長時間來完成它的工作，從而導致糟糕的使用者體驗，或浪費了硬體資源。

另一件要記住的事情是，如果一個應用程式建立了一個具有四個 worker 執行緒的執行緒池，那麼該應用程式所使用的最小執行緒數量是五個，因為應用程式的主執行緒也會開始發揮作用。還有一些背景執行緒需要考慮，比如 `libuv` 執行緒池、垃圾收集執行緒（如果 JavaScript 引擎有使用）、用於渲染瀏覽器色彩的執行緒等等。所有這些都會影響到應用程式的效能。

應用程式本身的特性也會影響執行緒池的理想大小。您是否正在編寫一個加密貨幣挖礦程式，它在每個執行緒中完成了 **99.9%** 的工作，並且幾乎沒有 I/O，也沒有在主執行緒中工作？在這種情況下，使用可用的核心數量作為執行緒池的大小可能沒問題；或者您正在編寫一個執行大量 CPU 和大量 I/O 的視訊串流和轉碼服務？在這種情況下，您可能會希望使用的是可用核心數量減掉 2。您需要對您的應用程式進行基準測試，以找到完美的數字，但合理的起點可能是使用可用的核心數量減掉 1，然後在必要時進行調整。

一旦確定了要使用的執行緒數量之後，就可以確定如何將工作分派給 worker。

分派策略

因為執行緒池的目標是最大化可以平行完成的工作，所以合理的想法是沒有一個 worker 應該處理太多的工作，並且沒有執行緒應該閒置在那裡卻沒有工作要做。一種天真的方法可能是只先蒐集要完成的任務，然後在準備執行的任務數量等於 worker 執行緒數量時再傳遞給它們，並在它們全部完成後繼續這樣的過程。但是，我們不能保證每項任務都需要相同的時間來完成。可能有些會非常快，需要幾毫秒就好，但另一些則可能很慢，需要幾秒鐘或更長時間才能完成。因此，必須建構更強大的解決方案。

應用程式經常採用一些策略將任務分派給 worker 池中的 worker。這些策略與用於向後端服務發送請求的反向代理（reverse proxy）的策略相似。以下是最常見的策略列表：

輪流（*round robin*）

> 每個任務都被分配給池中的下一個 worker，一旦碰到最後一個後就返回到第一個。因此，當池的大小為 3 時，第一個任務派到 Worker 1，然後是 Worker 2，然後是 Worker 3，然後返回到 Worker 1，依此類推。這樣做的好處是每個執行緒會執行的任務數量完全相同，但缺點是如果每個任務的複雜度是執行緒數量的倍數（例如每 6 個任務就需要很長時間才能執行完），那麼就會出現不公平的工作分配。HAProxy 反向代理將此稱為 `roundrobin`。

隨機（*random*）

> 每個任務都分派給池中的隨機 worker。儘管這是最簡單的建構方式，完全無狀態，但這也可能意味著某些 worker 有時會被分派太多的工作要執行，而其他 worker 有時會被分派太少的工作來執行。

最閒（*least busy*）

> 會維護每個 worker 正在執行的任務數量的計數，並且當新任務出現時，會將其分派給最不忙的 worker。這甚至可以推斷成每個 worker 一次只有一個任務要執行。當兩個 worker 的工作量都是最少時，可以隨機選擇其中的一個。這可能是最強固的方法，尤其是當每個任務都消耗相同數量的 CPU 時，但它確實需要最大的心力來實作。如果某些任務使用較少的資源，例如某任務呼叫 `setTimeout()`，則可能會導致 worker 的負載出現偏差。HAProxy 將此稱為 `leastconn`。

反向代理所採用的其他策略，可能有一個不那麼明顯的實作版本，也可以在您的應用程式中進行。

例如，HAProxy 有一個稱為 source 的負載平衡（load balancing）策略，它會取得客戶端 IP 位址的雜湊值，並使用它來持續的將請求路由到單一後端。與此等效的方法，在 worker 執行緒有維護一個記憶體快取，來記錄那些分派到同一 worker 的資料，以及路由相關任務可能會導致命中更多快取的情況下可能很有用，但這種方法難以通用化。

 根據您的應用程式的性質，您可能會發現這些策略的其中之一的性能會比其他策略好得多。同樣的，在衡量所給定應用程式的效能時，基準測試會是您的好朋友。

範例實作

此範例重新利用了您在第 47 頁的「全部放在一起」中建立的 *ch2-patterns/* 中的既有檔案，但為簡潔起見，已經刪除了許多錯誤處理程式碼，並且程式碼已經和 Node.js 相容。請建立一個名為 *ch6-thread-pool/* 的新目錄，來存放您將在本節中建立的檔案。

您將建立的第一個檔案是 *main.js*。這是應用程式的入口點。此程式碼的先前版本僅使用了 Promise.allSettled() 呼叫將任務添加到池中，但這並不是那麼有趣，因為它同時也添加了所有內容。相反的，此應用程式揭露了一個 web 伺服器，每個請求都會為執行緒池建立一個新任務。藉由使用這種方法，在對池進行查詢那時候之前的任務可能已經完成，然後會產生更有趣的樣式，就像是真實世界的應用程式那樣。

請將範例 6-1 中的內容添加到 *main.js* 以啟動您的應用程式。

範例 *6-1 ch6-thread-pool/main.js*

```
#!/usr/bin/env node
const http = require('http');
const RpcWorkerPool = require('./rpc-worker.js');
const worker = new RpcWorkerPool('./worker.js',
  Number(process.env.THREADS), ❶
  process.env.STRATEGY); ❷

const server = http.createServer(async (req, res) => {
  const value = Math.floor(Math.random() * 100_000_000);
  const sum = await worker.exec('square_sum', value);
  res.end(JSON.stringify({ sum, value }));
});

server.listen(1337, (err) => {
  if (err) throw err;
  console.log('http://localhost:1337/');
});
```

❶ THREADS 環境變數用來控制池的大小。

❷ STRATEGY 環境變數用來設置分派策略。

此應用程式使用了兩個環境變數，以便於進行試驗。第一個名為 THREADS，將用來設置
執行緒池中的執行緒數量；第二個環境變數是 STRATEGY，可以用來設置執行緒池的分派
策略。除此之外，這個伺服器不會太令人興奮，因為它只使用內建的 http 模組。伺服
器會偵聽連接埠 1337，而且任何請求，無論其路徑如何，都會觸發處理程式。每個請求
都會呼叫 worker 執行緒中定義的 square_sum 命令，同時傳入一個 0 到 1 億之間的值。

接下來，請建立一個名為 worker.js 的檔案，並將範例 6-2 中的內容添加到其中。

範例 6-2 ch6-thread-pool/worker.js

```
const { parentPort } = require('worker_threads');

function asyncOnMessageWrap(fn) {
  return async function(msg) {
    parentPort.postMessage(await fn(msg));
  }
}

const commands = {
  async square_sum(max) {
    await new Promise((res) => setTimeout(res, 100));
    let sum = 0; for (let i = 0; i< max; i++) sum += Math.sqrt(i);
    return sum;
  }
};

parentPort.on('message', asyncOnMessageWrap(async ({ method, params, id }) =>({
  result: await commands[method](...params), id
})));
```

這個檔案不是很有趣，因為它本質上就是您之前建立的 worker.js 檔案簡化版本。其中刪
除了許多錯誤處理部分以縮短程式碼（如果您願意的話，可以隨意把它們添加回來），
並且還修改了程式碼以與 Node.js API 相容。在這個範例中只剩下一個命令 square_
sum。

接下來，請建立一個名為 rpc-worker.js 的檔案。這個檔案會非常大，並已拆解為更小的
部分。

首先，將範例 6-3 中的內容添加到其中。

範例 *6-3 ch6-thread-pool/rpc-worker.js（第一部分）*

```
const { Worker } = require('worker_threads');
const CORES = require('os').cpus().length;
const STRATEGIES = new Set([ 'roundrobin', 'random', 'leastbusy' ]);

module.exports = class RpcWorkerPool {
  constructor(path, size = 0, strategy = 'roundrobin') {
    if (size === 0)     this.size = CORES; ❶
    else if (size< 0)  this.size = Math.max(CORES + size, 1);
    else                this.size = size;

    if (!STRATEGIES.has(strategy)) throw new TypeError('invalid strategy');
    this.strategy = strategy; ❷
    this.rr_index = -1;

    this.next_command_id = 0;
    this.workers = []; ❸
    for (let i = 0; i< this.size; i++) {
      const worker = new Worker(path);
      this.workers.push({ worker, in_flight_commands: new Map() }); ❹
      worker.on('message', (msg) => {
        this.onMessageHandler(msg, i);
      });
    }
  }
}
```

❶ 執行緒池的大小是高度可配置的。

❷ 策略會被驗證和儲存。

❸ 此處維護了一個 worker 陣列，而不僅僅是一個 worker。

❹ in_flight_commands 串列現在是按 worker 分別維護。

此檔案首先要求 worker_threads 核心模組建立 worker 執行緒，以及 os 模組獲取可用的 CPU 核心的數量。之後定義並匯出 RpcWorkerPool 類別。接下來，提供了類別的建構子函數。建構子函數接受三個引數，第一個是 worker 檔案的路徑，第二個是池的大小，第三個是要使用的策略。

池的大小是高度可配置的，並允許呼叫者提供一個數字。如果該數字為正數，則把它用來當作池的大小。預設值為零，而且如果有提供 CPU 核心的數量的話，它會被用來作為池的大小。如果提供了負數，則會從可用的核心數量中減去該數字，然後再使用該數字。因此，在 8 核心機器上，傳入池的大小為 –2 的話將導致池的大小為 6。

策略引數可以是 roundrobin（預設）、random 或 leastbusy 其中之一。該值在指派給類別之前會經過驗證。rr_index 值被用來當作輪流的索引，是用來代表下一個可用 worker ID 的數字。

next_command_id 在所有執行緒中仍然是全域的，因此第一個命令將是 1，下一個是 2，無論這些命令是否由同一個 worker 執行緒來處理都一樣。

最後，workers 類別屬性是一個 worker 陣列，而不是之前的單一 worker 屬性。處理它的程式碼大致相同，但 in_flight_commands 串列現在對個別的 worker 來說是本地性的，並且 worker 的 ID 會作為附加引數傳遞給 onMessageHandler() 方法。這是因為當訊息被發送回主程序時，在稍後需要查找個別的 worker。

請繼續編輯檔案，並添加範例 6-4 中的內容。

範例 6-4 ch6-thread-pool/rpc-worker.js（第二部分）

```
onMessageHandler(msg, worker_id) {
  const worker = this.workers[worker_id];
  const { result, error, id } = msg;
  const { resolve, reject } = worker.in_flight_commands.get(id);
  worker.in_flight_commands.delete(id);
  if (error) reject(error);
  else resolve(result);
}
```

檔案的這一部分定義了 onMessageHandler() 方法，當 worker 將訊息發送回主執行緒時會呼叫此方法。它和之前的版本大致相同，只是這次它接受了一個額外的引數 worker_id，用於查找發送訊息的 worker。一旦它查找到 worker 之後，它就會處理 promise 的拒絕 / 解析並從待處理命令串列中刪除該條目。

繼續編輯該檔案，將範例 6-5 中的內容添加進來。

範例 6-5 ch6-thread-pool/rpc-worker.js（第三部分）

```
exec(method, ...args) {
  const id = ++this.next_command_id;
  let resolve, reject;
  const promise = new Promise((res, rej) =>{ resolve = res; reject = rej; });
  const worker = this.getWorker(); ❶
  worker.in_flight_commands.set(id, { resolve, reject });
  worker.worker.postMessage({ method, params: args, id });
  return promise;
}
```

❶ 查找適用的 worker。

檔案的這一部份定義了 exec() 方法，當應用程式想要在其中一個 worker 中執行命令時會呼叫此方法。同樣的，基本上它並沒有改變，但這次它呼叫了 getWorker() 方法來獲取合適的 worker 以處理下一個命令，而不是使用一個預設的 worker。該方法將在下一節中定義。

請將範例 6-6 中的內容添加到檔案中來結束檔案的編輯。

範例 6-6 *ch6-thread-pool/rpc-worker.js*（第四部分）

```
getWorker() {
  let id;
  if (this.strategy === 'random') {
    id = Math.floor(Math.random() * this.size);
  } else if (this.strategy === 'roundrobin') {
    this.rr_index++;
    if (this.rr_index >= this.size) this.rr_index = 0;
    id = this.rr_index;
  } else if (this.strategy === 'leastbusy') {
    let min = Infinity;
    for (let i = 0; i< this.size; i++) {
      let worker = this.workers[i];
      if (worker.in_flight_commands.size< min) {
        min = worker.in_flight_commands.size;
        id = i;
      }
    }
  }
  console.log('Selected Worker:', id);
  return this.workers[id];
}
};
```

檔案的最後一部份定義了一個名為 getWorker() 的新方法。此方法在決定下一個要使用哪個 worker 時，會考慮為類別實例所定義的策略為何。函數裏的大部分內容是一個大的 if 敘述，其中每個分支都對應到一個策略。

第一個策略 random 不需要任何額外的狀態，這使得它成為裏面最簡單的。該函數所做的就是隨機的選擇池中的一個條目，然後把它選為候選者。

用來對應 `roundrobin` 的第二個分支會稍微複雜一些。這裏使用了名為 `rr_index` 的類別屬性、增加它的值，然後傳回位於新索引處的 worker 執行緒。一旦索引超過 worker 的數量，它就會回捲到零。

對應於 `leastbusy` 的最後一個分支是最複雜的。它的工作原理是遍歷每個 worker，透過查看 `in_flight_commands` 映射的大小，來記錄當前正在進行的命令數量，並決定它是否是迄今為止遇到的最小值。如果是的話，則它會決定那就是下一個要使用的 worker。請注意，此實作將在找到的第一個具有最少運行中命令數量的 worker 處停止；所以它第一次執行時總是會選擇 worker 0。一個更強固的實作方式，可能會查看所有具有相同的最低命令數量的候選者，並隨機選擇其中的一個。所選的 worker ID 會被記錄下來，以便您瞭解發生了什麼事。

現在您的應用程式已經準備就緒，您現在可以執行它了。打開兩個終端機視窗，並導航到第一個裏面的 *ch6-thread-pool/* 目錄。在此終端機視窗中執行以下命令：

```
$ THREADS=3 STRATEGY=leastbusy node main.js
```

這將啟動一個具有執行緒池的程序，該執行緒池包含了三個使用 `leastbusy` 策略的 worker 執行緒。

接下來，在第二個終端機視窗中執行以下命令：

```
$ npx autocannon -c 5 -a 20 http://localhost:1337
```

這將執行 `autocannon` 命令，這是一個用於執行基準測試的 npm 套件。但是，在這種情況下，您實際上並沒有執行基準測試，而只是執行了一大堆的查詢。該命令被配置成會一次打開五個連結，並發送總共 20 個請求。本質上，這會使得有 5 個請求看起來像是平行的，然後當這些請求關閉時，再發出剩餘的 15 個請求。這類似於您可能會建構的產出版本的 web 伺服器。

由於應用程式使用了 `leastbusy` 策略，並且因為程式碼是寫成要選擇命令最少的第一個程序，所以前五個請求基本上應該被視為輪流。池的大小為 3 時，當應用程式首次執行時，每個 worker 執行緒的任務數為零。所以程式碼首先會選擇使用 Worker 0；對於第二個請求，由於第一個 worker 已經有一個任務，而第二個和第三個 worker 的任務為零，所以選擇了第二個，然後是第三個；對於第四個請求而言，它會諮詢全部的三個 worker，由於每個 worker 目前都有一個任務，因此會再次選擇第一個。

在指派前五個任務後，剩下的 worker 的指派基本上會是隨機的，因為每個命令的完成時間基本上是隨機的。

接下來，使用 Ctrl+C 來刪除伺服器，然後使用 roundrobin 策略再次執行它：

```
$ THREADS=3 STRATEGY=roundrobin node main.js
```

在第二個終端機中執行和之前相同的 autocannon 命令。這一次您應該會看到任務總是按照 0、1、2、0 等順序執行。

最後，再次使用 Ctrl+C 刪除伺服器，並使用 random 策略再次執行它：

```
$ THREADS=3 STRATEGY=random node main.js
```

最後一次執行 autocannon 命令並注意其結果，這次應該是完全隨機的。如果您注意到同一 worker 連續多次被選中，則可能意味著該 worker 已經過載。

表 6-1 中包含此實驗先前執行時的範例輸出。每一行對應到一個新的請求，表中的數字包含了被選擇來處理請求的 worker 的 ID。

表 6-1　執行緒池策略輸出的範例

策略	R1	R2	R3	R4	R5	R6	R7	R8	R9	R10
最閒	0	1	2	0	1	0	1	2	1	0
輪流	0	1	2	0	1	2	0	1	2	0
隨機	2	0	1	1	0	0	0	1	1	0

在這個特定的執行中，隨機方法幾乎從未使用過 ID 為 2 的 worker。

互斥鎖：基本鎖

互斥鎖（*mutually exclusive lock*）或 *mutex* 是一種用來控制對某些共享資料進行存取的機制。它會確保在任何給定時間只有一個任務可以使用該資源。在這裡的任務可以代表任何類型的並行任務，不過通常這個概念會用在使用多執行緒時，以避免競爭條件。任務會獲取（*acquire*）鎖以執行用來存取共享資料的程式碼，然後在完成後釋放（*release*）鎖。獲取和釋放之間的程式碼稱為臨界區（*critical section*）。如果一個任務在另一個任務擁有鎖時嘗試獲取這個鎖，則該任務將被阻擋住，直到另一個任務釋放鎖為止。

當我們可以透過 Atomics 物件進行原子運算時，為什麼您還想要使用互斥鎖的原因可能並不明顯。當然，使用原子運算來修改和讀取資料會更有效率，因為我們阻擋其他運算的時間會更短，對吧？事實證明，程式碼通常會要求不要在多個運算中從外部修改資料。換句話說，原子運算所提供的原子性單位，對於許多演算法的臨界區來說太小了。例如，我們可以從共享記憶體的幾個部分讀取兩個整數，然後將它們加總後寫入另一部分。如果在兩次讀取之間值被更改了，則總和將反映來自兩個不同任務的值，這可能會導致程式稍後出現邏輯錯誤。

讓我們看一個範例程式，它用一堆數字初始化一個緩衝區，並在多個執行緒中對它們執行一些基本的數學運算。我們將讓每個執行緒在不同的索引處獲取一個值，然後再從共享索引處獲取一個值，再將它們相乘，然後將它們寫入到共享索引處。然後再從該共享索引處讀取其值，並檢查它是否等於前兩次讀取的乘積。在兩次讀取之間，我們將執行一個忙碌迴圈，來模擬一些需要執行一段時間的其他工作。

請建立一個名為 *ch6-mutex* 的目錄，並將範例 6-7 的內容放入名為 *thread_product.js* 的檔案中。

範例 *6-7 ch6-mutex/thread-product.js*

```
const {
  Worker, isMainThread, workerData
} = require('worker_threads');
const assert = require('assert');

if (isMainThread) {
  const shared = new SharedArrayBuffer(4 * 4); ❶
  const sharedInts = new Int32Array(shared);
  sharedInts.set([2, 3, 5, 7]);
  for (let i = 0; i< 3; i++) {
    new Worker(__filename, { workerData: { i, shared } });
  }
} else {
  const { i, shared } = workerData;
  const sharedInts = new Int32Array(shared);
  const a = Atomics.load(sharedInts, i);
  for (let j = 0; j< 1_000_000; j++) {}
  const b = Atomics.load(sharedInts, 3);
  Atomics.store(sharedInts, 3, a * b);
  assert.strictEqual(Atomics.load(sharedInts, 3), a * b); ❷
}
```

❶ 我們將使用三個執行緒和一個 `Int32Array` 來保存資料，因此它要夠大以保存三個 32 位元整數，再加上第四個以作為共享乘數 / 結果。

❷ 在這裡，我們會檢查我們的工作。在真實世界的應用程式中，這裡可能不會進行檢查，但這裡模擬了會根據結果來執行其他動作，而這些動作可能會在程式稍後發生。

您可以按以下方式執行此範例：

```
$ node thread-product.js
```

您可能會發現，在第一次嘗試時，甚至是第一堆嘗試時，這都能正常工作，但請繼續執行它。或者，您可能會發現斷言馬上就失敗。在某些時候，在前 20 次左右的嘗試中，您應該就會看到斷言失敗。目前我們正在使用原子運算，而我們使用了其中的四個，這些值在它們之間可能會發生一些變化。這是競爭條件的典型範例。所有執行緒都在並行讀寫（不過不是平行的，因為運算本身是原子的），所以對於給定的輸入值，結果是不確定的。

為了解決這個問題，我們將使用 Atomics 中的原語來實作一個 Mutex 類別。我們將使用 Atomics.wait() 進行等待直到可以獲取鎖，並使用 Atomics.notify() 來通知執行緒說鎖已經被釋放了。我們將使用 Atomics.compareExchange() 來交換鎖定 / 解鎖狀態並確定我們是否需要等待以獲取鎖。請在同一目錄中建立一個名為 *mutex.js* 的檔案並添加範例 6-8 的內容以開始使用 Mutex 類別。

範例 6-8 ch6-mutex/mutex.js（第一部分）

```
const UNLOCKED = 0;
const LOCKED = 1;

const {
  compareExchange, wait, notify
} = Atomics;

class Mutex {
  constructor(shared, index) {
    this.shared = shared;
    this.index = index;
  }
}
```

在這裡，我們將 LOCKED 和 UNLOCKED 狀態分別定義為 1 和 0。實際上，它們可以是我們傳遞給 Mutex 建構子函數的 TypedArray 的任何合適的值，但是堅持使用 1 和 0 可以更容易地將它看作是布林值。我們已經設置了建構子函數，來接受兩個將指派給屬性的值：我們將進行操作的 TypedArray，以及該陣列中我們將用來當作鎖定狀態的元素的索引。現在，我們準備開始使用 Atomics 來添加使用已解構的（destructured）Atomics 的 acquire() 方法。請添加例 6-9 中的 acquire() 方法。

範例 6-9 ch6-mutex/mutex.js（第二部分）

```
acquire() {
  if (compareExchange(this.shared, this.index, UNLOCKED, LOCKED) === UNLOCKED) {
    return;
  }
  wait(this.shared, this.index, LOCKED);
  this.acquire();
}
```

為了獲取鎖，我們嘗試使用 `Atomics.compareExchange()` 在互斥鎖的陣列索引處，將 UNLOCKED 狀態交換成 LOCKED 狀態。如果交換成功，那麼就沒有什麼可做的了，而且我們已經獲得鎖了，所以可以返回，否則需要等待解鎖。在此案例中，這意味著要等待那個值從 LOCKED 更改為其他狀態的通知。然後再次嘗試獲取鎖，在這裏會透過遞迴來說明運算的「重試」本質，但它也可以很容易地改為迴圈版本。它應該會在第二次時成功運作，因為我們已經特別在等待它解鎖了，但在 `wait()` 和 `compareExchange()` 之間，值可能已經更改了，因此需要再次檢查。在真實世界的實作中，您可能希望在 `wait()` 上添加超時限制，並且限制可以進行的嘗試次數。

在許多產出版本的互斥鎖實作中，除了「解鎖」和「鎖定」狀態之外，您還經常會發現一個代表「鎖定和競爭（locked and contended）」的狀態。當一個執行緒試圖獲取另一個執行緒已經持有的鎖時，就會發生競爭（contention）。透過追蹤此狀態，互斥鎖程式碼可以避免使用額外的 `notify()` 呼叫，從而獲得更好的效能。

信號機

我們用來表示被鎖定或解鎖狀態的共享陣列中的元素是信號機（*semaphore*）的一個簡單範例。信號機是用於在執行緒之間傳遞狀態資訊的變數，它們指出正在使用的資源的計數。在互斥鎖的情況下，我們將其限制為 1，但其他場景中的信號機可能會涉及其他用途的其他限制。

現在我們來看看怎麼釋放鎖。請添加範例 6-10 中所示的 release() 方法。

範例 *6-10 ch6-mutex/mutex.js*（第三部分）

```
release() {
  if (compareExchange(this.shared, this.index, LOCKED, UNLOCKED) !== LOCKED) {
    throw new Error('was not acquired');
  }
  notify(this.shared, this.index, 1);
}
```

在這裡我們使用了 Atomics.compareExchange() 再次的交換了鎖定狀態，就像在獲取鎖時所做的一樣。這一次，要確保原始狀態確實是 LOCKED，因為如果還沒有獲取它的話，我們也不應釋放它。此時唯一要做的就是進行 notify()，來啟用一等待中的執行緒（如果有的話）以獲取鎖。我們將 notify() 的計數設定為 1，因為不需要喚醒多個休眠的執行緒，這是因為一次只能有一個執行緒可以持有鎖。

現在擁有的已經足以作為一個可用的互斥鎖。但是，我們很容易獲取了鎖卻忘記釋放它，或以其他方式出現了意外的臨界區。對於許多使用案例而言，臨界區都是明確定義的並且可以提前知道。在那些情況下，在 Mutex 類別上有一個輔助方法，來幫我們輕鬆的包裝臨界區是有意義的。讓我們透過在範例 6-11 中添加 exec() 方法來實現這一點，這也將完成該類別。

範 *6-11 ch6-mutex/mutex.js*（第四部分）

```
exec(fn) {
  this.acquire();
  try {
    return fn();
  } finally {
    this.release();
  }
}
}
```

```
module.exports = Mutex;
```

我們在這裡所做的就是呼叫傳入的函數並傳回它的值，但在前面用一個 acquire() 和在後面用一個 release() 來包裝它。這樣，傳入的函數就會包含臨界區的所有程式碼。請注意，我們在 try 區塊中呼叫傳入的函數，而 release() 則發生在相對應的 finally 中。由於傳入的函數可能會拋出異常，因此我們希望能確保即使在這種情況下也能釋放鎖。這樣就完成了我們的 Mutex 類別，所以現在就可以在範例中使用它。

請在同一目錄中複製 *thread-product.js*，並將它稱為 *thread-product-mutex.js*。在該檔案中 require *mutex.js* 檔案，並將其指派給名為 Mutex 的 const。將另外 4 個位元組添加到 SharedArrayBuffer 中（例如，new SharedArrayBuffer(4*5)）以供我們的鎖使用，然後用範例 6-12 的內容替換 else 區塊中的所有內容。

範例 *6-12 ch6-mutex/thread-product-mutex.js*

```
const { i, shared } = workerData;
const sharedInts = new Int32Array(shared);
const mutex = new Mutex(sharedInts, 4); ❶
mutex.exec(() => {
  const a = sharedInts[i]; ❷
  for (let j = 0; j< 1_000_000; j++) {}
  const b = sharedInts[3];
  sharedInts[3] = a * b;
  assert.strictEqual(sharedInts[3], a * b);
});
```

❶ 在這一行之前，一切都和我們不使用互斥鎖的時候一樣。現在，我們將初始化一個互斥鎖，使用 Int32Array 的第五個元素作為我們的鎖的資料。

❷ 在傳遞給 exec() 的函數的內部，我們位於受到鎖保護的臨界區。這意味著我們不需要原子運算來讀取或操縱陣列。相反的，我們可以像任何其他 TypedArray 一樣對其進行操作。

除了啟用普通的陣列存取技術之外，互斥鎖還允許我們能確保在查看這些資料時沒有其他執行緒能夠修改它們。因此，我們的斷言永遠不會失敗。試一下吧！執行下面的命令來執行這個範例，執行幾十次、幾百次甚至幾千次都沒問題，它永遠不會像僅使用原子運算的版本那樣使得斷言失敗：

```
$ node thread-product-mutex.js
```

 互斥鎖是鎖定對資源的存取的簡單工具。它們允許臨界區在不受其他執行緒干擾的情況下運行。它們是我們如何利用原子運算的組合為多執行緒程式設計製作新積木的一個例子。在第 137 頁的下一節「使用環形緩衝區串流資料」中，我們將把這個積木用於一些實際用途。

使用環形緩衝區串流資料

許多應用程式涉及串流資料。例如，HTTP 請求和回應通常會透過 HTTP API 呈現為一序列的位元組資料，在接收時以塊（chunk）的形式傳入。在網路應用中，資料塊的大小受到封包（packet）大小的限制。在檔案系統應用中，資料塊的大小可能會受核心程式（kernel）緩衝區的大小限制。即使我們在不使用串流的情況下，將資料輸出到這些資源，核心程式也會將資料分成塊，以便以緩衝方式將其發送到目的地。

串流資料也出現在使用者應用程式中，可作為在計算單元（例如程序或執行緒）之間傳輸大量資料的一種方式。即使沒有分別的計算單元，您也可能希望或需要在處理資料之前，將資料保存在某種緩衝區中。這就是環形緩衝區（*ring buffer*）（也稱為循環緩衝區（*circular buffer*））派上用場的地方。

環形緩衝區是先進先出（FIFO）佇列的一種實作方式，它使用記憶體中資料陣列的一對索引來實作。至關重要的是，為了提高效率，當資料插入佇列時，它永遠不會移動到記憶體中的另一個位置；相反的，我們在資料添加到佇列或從佇列中刪除時會移動索引。這個陣列被看成一端連接到另一端，從而建立了環形的資料。這意味著如果這些索引增加到超過陣列的結尾時，它們將返回到最開頭。

真實世界中的一個類比是餐廳的點餐輪（order wheel），常見於北美的餐廳。在使用這種系統的餐廳中，輪子通常放置在餐廳的一個地方，這個地方會將面向顧客的區域與廚房分開。訂單是由顧客寫在便條紙上的，然後按順序插入輪子中。然後，在廚房那一邊，廚師可以依照相同的順序從輪上拿到訂單，以便按照適當的順序烹製食物，而不會讓顧客等待太久。這是一個有界的（bounded）[1] FIFO 佇列，就像我們的環形緩衝區一樣。確實，它也確實是環形的！

要實作環形緩衝區，我們需要兩個索引，head 和 tail。head 索引是指佇列接下來要添加資料的位置，tail 索引是指下一個從佇列中讀取資料的位置。當資料寫入佇列或從佇列中讀取時，我們會分別根據寫入或讀取的資料量遞增 head 或 tail 索引，並以緩衝區的大小為模數（modulo）。

---

[1] 在實務上，餐廳可能會比訂單輪所能處理的還忙。餐廳通常會透過一些技巧來解決這個問題，例如在輪子上的同一個插槽中插入不止一張訂單紙，而且在每個插槽中都有一些商定的訂單。在我們的環形緩衝區的情況下，我們不能將多於一筆的資料推入一個陣列插槽中，所以我們不能使用相同的技巧。相反的，一個更完整的系統應該有一種方法，來指出佇列已滿並且現在無法處理更多的資料。正如您將看到的，我們完全會這麼做。

圖 6-1 顯示了環形緩衝區是如何使用一個帶有 16 個位元組緩衝區的環來運作的。第一張圖包含了 4 個位元組的資料，從位元組 0（尾端所在的位置）開始，到位元組 3 結束（頭端是在前一個位元組的位元組 4 的位置）。一旦將四個位元組的資料添加到緩衝區中，頭端標記將向前移動四個位元組到位元組 8，如第二張圖所示。在最後的圖中，前四個位元組已被讀取，因此尾端移動到位元組 4。

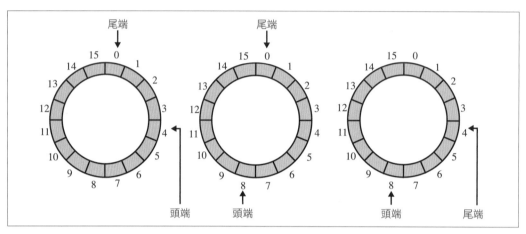

圖 6-1　寫入資料使頭端向前移動，而讀取資料則將尾端向前移動

讓我們實作一個環形緩衝區吧。一開始將不管執行緒，但為了讓以後的日子更輕鬆，會把 head 和 tail 以及目前佇列的 length 儲存在 TypedArray 中。我們可以嘗試只使用 head 和 tail 之間的差作為長度，但這留下了一個模棱兩可的情況，也就是當 head 和 tail 的值相同時，無法判斷佇列是空的還是滿的，所以在此會使用一個單獨的 length 值。我們將從設置建構子函數和存取器（acessor）開始，藉由將範例 6-13 的內容添加到名為 *ch6-ring-buffer/ring-buffer.js* 的檔案中來達成。

範例 *6-13 ch6-ring-buffer/ring-buffer.js* 第一部分

```
class RingBuffer {
  constructor(meta/*: Uint32Array[3]*/, buffer /*: Uint8Array */) {
    this.meta = meta;
    this.buffer = buffer;
  }

  get head() {
    return this.meta[0];
  }

  set head(n) {
```

```
  this.meta[0] = n;
}

get tail() {
  return this.meta[1];
}

set tail(n) {
  this.meta[1] = n;
}

get length() {
  return this.meta[2];
}

set length(n) {
  this.meta[2] = n;
}
```

建構子函數接受一個名為 meta 的三元素 Uint32Array，我們將使用它來表示 head、
tail 和 length。為了方便起見，我們還將這些屬性添加為 getter 和 setter，它們在內部
裏僅是用來存取這些陣列元素。它還接受一個 Uint8Array，其將作為環形緩衝區的備援
儲存區。接下來將添加 write() 方法。請添加如範例 6-14 中所定義的方法。

範例 6-14 ch6-ring-buffer/ring-buffer.js（第二部分）

```
write(data /*: Uint8Array */) { ❶
  let bytesWritten = data.length;
  if (bytesWritten >this.buffer.length - this.length) { ❷
    bytesWritten = this.buffer.length - this.length;
    data = data.subarray(0, bytesWritten);
  }
  if (bytesWritten === 0) {
    return bytesWritten;
  }
  if (
    (this.head >= this.tail && this.buffer.length - this.head >= bytesWritten) ||
    (this.head < this.tail && bytesWritten <= this.tail - this.head) ❸
  ) {
    // head 後面有足夠的空間。就把它寫入並遞增 head 的值。
    this.buffer.set(data, this.head);
    this.head += bytesWritten;
  } else { ❹
    // 我們需要將一塊拆分為二。
    const endSpaceAvailable = this.buffer.length - this.head;
    const endChunk = data.subarray(0, endSpaceAvailable);
    const beginChunk = data.subarray(endSpaceAvailable);
```

```
      this.buffer.set(endChunk, this.head);
      this.buffer.set(beginChunk, 0);
      this.head = beginChunk.length;
    }
    this.length += bytesWritten;
    return bytesWritten;
  }
```

❶ 為了使此程式碼正常運作，資料需要是與 `this.buffer` 相同的 `TypedArray` 的實例。
  這可以透過靜態型別檢查或斷言進行檢查，或兩者都做。

❷ 如果緩衝區中沒有足夠的空間來容納所有要寫入的資料，我們將盡可能寫入最多的位
  元組以填充緩衝區，並傳回已寫入的位元組數。這會通知任何正在寫入資料的執行
  緒，告訴它們必須等待一些資料被讀取後才能繼續進行寫入。

❸ 這個條件表示我們有足夠的**連續**空間來寫入資料。當陣列中的頭端在尾端之後，並且
  頭端之後的空間大於要寫入的資料時，或者當頭端在尾端之前並且尾端和頭端之間有
  足夠的空間時，就會發生這種情況。對於這兩種情況中的任何一種，我們都可以將資
  料寫入陣列並按照資料的長度遞增頭端索引的值。

❹ 在 `if` 區塊的另一側，我們需要將資料寫入到陣列的結尾，然後將其環繞以在陣列的
  開頭進行寫入。這意味著要將資料拆分為有一塊是在末尾寫入和另一塊在開頭寫入，
  並把它們寫入到對應的位置。我們會使用 `subarray()` 而不是 `slice()` 來切分資料以
  避免不必要的二次複製運算。

寫入終究只是使用了 `set()` 來複製位元組，並適當的更改 head 索引的問題，但有一
個特殊情況是發生在當資料要跨越邊界進行拆分時。讀取也很類似，如範例 6-15 中的
`read()` 方法所示。

範例 6-15 ch6-ring-buffer/ring-buffer.js（第三部分）

```
  read(bytes) {
    if (bytes > this.length) { ❶
      bytes = this.length;
    }
    if (bytes === 0) {
      return new Uint8Array(0);
    }
    let readData;
    if (
      this.head >this.tail || this.buffer.length - this.tail >= bytes ❷
    ) {
      // 資料在連續的塊中。
      readData = this.buffer.slice(this.tail, bytes)
```

```
      this.tail += bytes;
    } else { ❸
      // 從結尾和開頭讀取。
      readData = new Uint8Array(bytes);
      const endBytesToRead = this.buffer.length - this.tail;
      readData.set(this.buffer.subarray(this.tail, this.buffer.length));
      readData.set(this.buffer.subarray(0, bytes - endBytesToRead), endBytesToRead);
      this.tail = bytes - endBytesToRead;
    }
    this.length -= bytes;
    return readData;
  }
}
```

❶ read() 的輸入是所請求的位元組數。如果佇列中沒有足夠的位元組的話，它將傳回當前佇列中的所有位元組。

❷ 如果請求的資料位於從尾端讀取的連續塊中，我們將使用 slice() 將其直接提供給呼叫者以獲取那些位元組的副本。我們會將尾端移動到傳回位元組的末尾。

❸ 在 else 情況下，資料會跨越陣列的邊界進行拆分，因此需要獲取兩個塊並以相反的順序將它們拼接在一起。為此，我們將配置一個足夠大的 Uint8Array，然後從陣列的開頭和結尾複製資料。新的尾端被設置在陣列開頭的那個塊的末尾。

從佇列中讀取位元組時，重要的是要將它們複製出來，而不僅僅是參照相同的記憶體。如果我們不這樣做的話，那麼寫入佇列的其他資料，可能最終會在將來的某個時間點出現在這些陣列中，這不是我們想要的。這就是為什麼我們對傳回的資料使用 slice() 或新的 Uint8Array 的原因。

目前，我們有一個運作中的單執行緒有界佇列（single-threaded bounded queue），實作為環形緩衝區。如果我們想將它與一個寫入執行緒（生產者（producer））和一個讀取執行緒（消費者（consumer））一起使用，我們可以使用 SharedArrayBuffer 作為建構子函數的輸入的備援儲存區，將其傳遞給另一個執行緒，並在那裡把它實例化。不幸的是，我們還沒有使用任何原子運算或使用鎖來指明和隔離臨界區，因此如果有多個執行緒使用了緩衝區，最終可能會遇到競爭條件和錯誤的資料。這一點需要被糾正。

讀取和寫入運算會假定在整個運算過程中其他的執行緒都不會改變 head、tail 或 length。稍後我們會更具體的說明這點，但是用這個一般性的說法作為開始至少可以提供我們避免競爭條件所需的執行緒安全性。我們可以使用第 131 頁的「互斥鎖：基本鎖」中的 Mutex 類別來指明臨界區，並確保一次只有一個臨界區在執行。

讓我們 require Mutex 類別，並將範例 6-16 中的包裝器類別，添加到將要使用我們已有的 RingBuffer 類別的檔案中。

範例 6-16 ch6-ring-buffer/ring-buffer.js 第四部分

```javascript
const Mutex = require('../ch6-mutex/mutex.js');

class SharedRingBuffer {
  constructor(shared/*: number | SharedArrayBuffer*/) {
    this.shared = typeof shared === 'number' ?
      new SharedArrayBuffer(shared + 16) : shared;
    this.ringBuffer = new RingBuffer(
      new Uint32Array(this.shared, 4, 3),
      new Uint8Array(this.shared, 16)
    );
    this.lock = new Mutex(new Int32Array(this.shared, 0, 1));
  }

  write(data) {
    return this.lock.exec(() =>this.ringBuffer.write(data));
  }

  read(bytes) {
    return this.lock.exec(() =>this.ringBuffer.read(bytes));
  }
}
```

首先，建構子函數接受或建立了 SharedArrayBuffer。請注意，我們在緩衝區上增加了 16 個位元組的大小，以同時處理 Mutex（它需要單一元素的 Int32Array）以及 RingBuffer 後設資料（metadata）（它需要三個元素的 Uint32Array）。我們將依照表 6-2 來配置記憶體。

表 6-2　SharedRingBuffer 記憶體佈局

資料	型別 [大小]	SharedArrayBuffer 索引
Mutex	Int32Array[1]	0
RingBuffer meta	Uint32Array[3]	4
RingBuffer buffer	Uint32Array[size]	16

read() 和 write() 運算由 Mutex 中的 exec() 方法來包裝。回想一下，這可以防止受到同一互斥鎖保護的其他臨界區同時執行。透過包裝它們，我們可以確保即使有多個執行緒在讀取和寫入同一個佇列，我們也不會在這些臨界區的中間遇見任何從外部修改 head 或 tail 的這種競爭條件。

要查看此資料結構的實際效果，讓我們建立一些生產者（producer）和消費者（consumer）執行緒。我們將設置一個 100 個位元組的 SharedRingBuffer 以供使用。生產者執行緒將字串 "Hello, World!\n" 重複寫入 SharedRingBuffer 中，同時盡快的獲取鎖。消費者執行緒將嘗試一次讀取 20 個位元組，我們將記錄它們能夠讀取的位元組數量。完成此運算的程式碼都在範例 6-17 中，您可以將其添加到 *ch6-ring-buffer/ring-buffer.js* 的結尾。

範例 *6-17 ch6-ring-buffer/ring-buffer.js*（第五部分）

```
const { isMainThread, Worker, workerData } = require('worker_threads');
const fs = require('fs');

if (isMainThread) {
  const shared = new SharedArrayBuffer(116);
  const threads = [
    new Worker(__filename, { workerData: { shared, isProducer: true } }),
    new Worker(__filename, { workerData: { shared, isProducer: true } }),
    new Worker(__filename, { workerData: { shared, isProducer: false } }),
    new Worker(__filename, { workerData: { shared, isProducer: false } })
  ];
} else {
  const { shared, isProducer } = workerData;
  const ringBuffer = new SharedRingBuffer(shared);

  if (isProducer) {
    const buffer = Buffer.from('Hello, World!\n');
    while (true) {
      ringBuffer.write(buffer);
    }
  } else {
    while (true) {
      const readBytes = ringBuffer.read(20);
      fs.writeSync(1, `Read ${readBytes.length} bytes\n`); ❶
    }
  }
}
```

❶ 您可能會注意到，我們沒有使用 console.log() 將位元組計數寫入 stdout，而是使用了同步寫入與 stdout 對應的檔案描述符（descriptor）。這是因為我們使用了一個沒有任何 await 的無窮迴圈。我們正在耗盡 Node.js 事件迴圈，因此使用 console.log 或任何其他非同步記錄器時，我們實際上永遠不會看到任何輸出。

您可以使用 Node.js 執行此範例，如下所示：

```
$ node ring-buffer.js
```

此腳本產生的輸出將會顯示每個消費者執行緒中，每次迭代中讀取的位元組數量。因為我們每次都要求 20 個位元組，所以您會看到它將是讀取的最大數量。當佇列為空時，有時您會看到全部為零；當佇列為部分填滿時，您會看到其他數字出現。

在我們的範例中可以調整許多東西。SharedRingBuffer 的大小、生產者和消費者執行緒的數量、寫入的訊息的大小以及嘗試讀取的位元組數量都會影響資料的產能。和其他任何事情一樣，測量和調整這些值以找到適合您的應用程式的最佳狀態必定是值得的。請繼續嘗試調整範例程式碼中的一些參數，看看輸出會如何變化。

無鎖佇列 (lock-free queue)

我們對環形緩衝區的實作在功能上可能是合理的，但它並不是最有效率的。為了對資料執行任何運算，所有的其他執行緒都禁止存取這些資料。雖然這可能是最簡單的方法，但確實存在不使用鎖的解決方案，而是小心的使用的原子運算來進行同步。此處的取捨在於複雜性。

演員模型

演員模型（*actor model*）是一種用於執行並行計算的程式設計樣式，最早是在 1970 年代提出的。在這個模型中，演員（*actor*）是一個允許執行程式碼的原始容器。演員能夠執行程式邏輯、建立更多演員、向其他演員發送訊息以及接收訊息。

這些演員透過訊息傳遞的方式與外界進行交流；否則，它們將有自己獨立的記憶體存取權限。演員是 Erlang 程式語言中的頭等公民（first-class citizen）[2]，但它當然可以使用 JavaScript 進行模擬。

演員模型的目標在允許計算以高度平行化的方式執行，而不必擔心程式碼在哪裡執行，甚至不必擔心用於實作通訊的協定為何。實際上，無論一個演員是在本地端還是遠端與另一個演員進行通訊，程式碼都應該是透明的。圖 6-2 顯示了演員的分佈是如何跨越程序和機器的。

---

[2] 演員樣式的另一個值得注意的實作存在於 Scala 語言中。

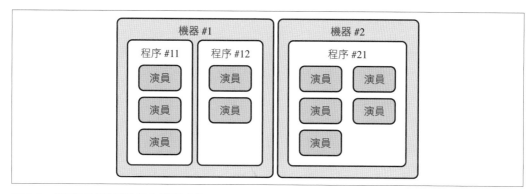

圖 6-2 演員可以跨越進程和機器分佈

樣式細微差別

演員能夠處理它們每次收到的一則訊息，或任務。首次收到這些訊息時，它們會位於有時也被稱為郵箱（mailbox）的訊息佇列中。擁有佇列很方便，因為如果同時收到兩則訊息時，不應同時處理它們。如果沒有佇列的話，一個演員可能需要在發送訊息之前檢查另一個演員是否已經準備好了，這將是一個非常乏味的過程。

儘管沒有兩個演員能夠寫入同一塊共享記憶體，但它們可以自由地更改自己的記憶體。這包括隨著時間的推移來維護狀態的修改。例如，演員可以追踪它已經處理的訊息數量，然後在稍後輸出的訊息中傳遞該資料。

由於不涉及共享記憶體，演員模型能夠避免前面討論的一些多執行緒陷阱，例如競爭條件和死結。在許多方面，演員就像函數式語言中的函數，可以接受輸入並避免存取全域狀態。

由於演員一次只處理一個任務，它們通常可以用單執行緒的方式實作。而且，雖然單一演員一次只能處理一個任務，但不同的演員可以自由的平行執行程式碼。

使用演員的系統不應該期望訊息可以保證以 FIFO 的方式排序。相反的，它應該對延遲和無序交付（out-of-order delivery）具有彈性，特別是因為演員可以分佈在整個網路中。

個別的演員也可以有位址（address）的概念，這是一種可以唯一性參照單一演員的方法。表達此值的可能方法之一是使用 URI。例如，`tcp://127.0.0.1:1234/3` 可能指的是在本地端電腦上，偵聽連接埠 1234 的程式中所執行的第三個演員。我們在這裏所介紹的實作方式不會使用這類的位址。

與 JavaScript 相關聯

在 Erlang 等語言中作為頭等公民存在的演員無法使用 JavaScript 完美的再現,但我們當然還是可以嘗試一下。可能有幾十種方法來描繪平行性和實作演員,本節將向您展示其中一種。

演員模型的一個特點是演員不需要被限制在一台機器上,這意味著程序可以在多台機器上執行並透過網路進行通訊。我們可以使用 Node.js 程序來實作這一點,每個程序都透過 TCP 協定來使用 JSON 進行通訊。

因為單一演員應該能夠與其他演員平行的執行程式碼,並且每個演員一次只處理一個任務,所以演員應該在不同的執行緒上執行,以將系統使用率最大化,這樣的想法是合情合理的。解決此問題的一種方法是實例化新的 worker 執行緒。另一種方法是為每個演員設置專用程序,但這會用掉更多資源。

因為不需要處理不同演員之間的共享記憶體,所以我們幾乎可以忽略掉 `SharedArrayBuffer` 和 `Atomics` 物件(儘管更強固的系統可能會依賴它們來進行協調)。

演員需要一個訊息佇列,以便在處理一則訊息時,另一則訊息可以等待演員準備就緒。JavaScript 的 worker 使用 `postMessage()` 方法來為我們處理這個問題。以這種方式傳遞的訊息會等到當前的 JavaScript 堆疊完成後,再獲取下一則訊息。如果每個演員只執行同步程式碼,那麼可以使用這個內建的佇列。另一方面,如果演員可以執行非同步工作,則需要建構一個手動佇列。

到目前為止,演員模型聽起來很像第 121 頁的「執行緒池」中所介紹的執行緒池樣式。確實,它們有很多相似之處,您幾乎可以將演員模型視為執行緒池的池。但是它們的差異夠大,大到值得我們來區分這兩個概念。實際上,演員模型承諾了一種獨特的計算範式,一種真正的高階程式語言樣式,足以改變您編寫程式碼的方式。實務上,演員模型涉及到通常會依賴於執行緒池的程式。

範例實作

為此實作建立一個名為 *ch6-actors/* 的新目錄。在此目錄中,複製並貼上範例 6-3 中既存的 *ch6-thread-pool/rpc-worker.js* 檔案,和範例 6-2 中的 *ch6-thread-pool/worker.js* 檔案。這些檔案將用來當作本範例中執行緒池的基礎,並且可以保持不變。

接下來，建立一個名為 *ch6-actors/server.js* 的檔案，並將範例 6-18 中的內容添加到其中。

範例 *6-18 ch6-actors/server.js*（第一部分）

```
#!/usr/bin/env node

const http = require('http');
const net = require('net');

const [,, web_host, actor_host] = process.argv;
const [web_hostname, web_port] = web_host.split(':');
const [actor_hostname, actor_port] = actor_host.split(':');

let message_id = 0;
let actors = new Set(); // 演員處理程式的集合
let messages = new Map(); // 訊息 ID -> HTTP 回應
```

此檔案會建立兩個伺服器實例。第一個是 TCP 伺服器，這是一個比較基本的協定，第二個是 HTTP 伺服器，它是基於 TCP 的更高階的協定，不過這兩個伺服器實例不會相互依賴。此檔案的第一部分包含了用於接受命令行引數以配置兩個伺服器的樣板（boilerplate）。

`message_id` 變數包含一個數字，該數字會隨著每個新的 HTTP 請求的產生而遞增。`messages` 變數包含了從訊息 ID 到將被用來回覆訊息的回應處理程式的映射。這與您在第 121 頁的「執行緒池」中所使用的樣式相同。最後，`actors` 變數包含了一組處理函數，用於向外部的演員程序發送訊息。

接下來，請將範例 6-19 中的內容添加到檔案中。

範例 *6-19 ch6-actors/server.js*（第二部分）

```
net.createServer((client) => {
  const handler = data =>client.write(JSON.stringify(data) + '\0'); ❶
  actors.add(handler);
  console.log('actor pool connected', actors.size);
  client.on('end', () => {
    actors.delete(handler); ❷
    console.log('actor pool disconnected', actors.size);
  }).on('data', (raw_data) => {
    const chunks = String(raw_data).split('\0'); ❸
    chunks.pop(); ❹
    for (let chunk of chunks) {
      const data = JSON.parse(chunk);
      const res = messages.get(data.id);
      res.end(JSON.stringify(data) + '\0');
      messages.delete(data.id);
```

```
    }
  });
}).listen(actor_port, actor_hostname, () => {
  console.log(`actor: tcp://${actor_hostname}:${actor_port}`);
});
```

❶ 在訊息之間插入空位元組 '\0'。

❷ 當客戶端連結關閉時，它會被從 actors 集合中刪除。

❸ data 事件可能包含多則訊息，並以空位元組進行拆分。

❹ 最後一個位元組是一個空位元組，所以 chunks 中的最後一個條目是一個空字串。

此檔案建立了 TCP 伺服器，這就是專用演員程序連結到主伺服器程序的方式。每次演員程序連結時都會呼叫 net.createServer() 回呼。client 引數代表一個 TCP 客戶端，本質上是一個到演員程序的連結。每次建立連結時都會記錄一則訊息，並且將一個用來方便的向演員發送訊息的處理程式函數，添加到 actors 集合中。

當客戶端與伺服器斷開連結時，該客戶端的處理程式函數將從 actors 集合中刪除。演員透過 TCP 發送訊息與伺服器通訊，這會觸發 data 事件 [3]。它們發送的訊息是以 JSON 編碼的資料。該資料包含與訊息 ID 相關的 id 欄位。當回呼執行時，會從 messages 映射中檢索相關的處理程式函數。最後，回應訊息被發送回 HTTP 請求，訊息從 messages 映射中移除，而伺服器會偵聽指定的介面和連接埠。

 伺服器和演員池客戶端之間的連結是長期的連結。這就是為什麼要為像是 data 和 end 事件之類的事件，設置事件處理程式的原因。

值得注意的是，此檔案中缺少客戶端連結的錯誤處理程式。由於它不存在，連結錯誤將導致伺服器程序終止。一個更強固的解決方案是從 actors 集合中刪除客戶端。

---

[3] 大型訊息，例如傳遞的是字串而不是一些小數字，可能會跨越 TCP 訊息邊界被拆分，並以多個 data 事件被送達。如果將此程式碼用於產出用途時，請記住這一點。

'\0' 空位元組被插入到訊息之間，因為當某一邊發出訊息時，不能保證會在單一 data 事件內到達另一邊。值得注意的是，當多個訊息快速的連續發送時，它們會在單一 data 事件中到達。這是一個在使用 curl 發出單一請求時不會遇到的臭蟲，但是在使用 autocannon 發出許多請求時就會遇到。這會導致多個 JSON 文件連接在一起，如下所示：{"id":1…}{"id":2…}。將此值傳遞給 JSON.parse() 時會導致錯誤發生。使用空位元組會導致事件看起來像是：{"id":1…}\0{"id":2…}\0。然後我們會在空位元組上拆分字串，並單獨解析每個區段。如果空位元組出現在 JSON 物件中，它會被忽略，這意味著使用空位元組來分隔 JSON 文件是安全的。

接下來，請將範例 6-20 中的內容添加到檔案中。

範例 *6-20 ch6-actors/server.js*（第三部分）

```javascript
http.createServer(async (req, res) => {
  message_id++;
  if (actors.size === 0) return res.end('ERROR: EMPTY ACTOR POOL');
  const actor = randomActor();
  messages.set(message_id, res);
  actor({
    id: message_id,
    method: 'square_sum',
    args: [Number(req.url.substr(1))]
  });
}).listen(web_port, web_hostname, () => {
  console.log(`web:    http://${web_hostname}:${web_port}`);
});
```

檔案的這部分建立了一個 HTTP 伺服器。與 TCP 伺服器不同的是，每個請求都代表一個短暫的連結，對於所收到的每個 HTTP 請求，都會呼叫一次 http.createServer() 回呼。

在此回呼中，會遞增當前的訊息 ID 並查詢演員列表。如果它是空的，這可能發生在伺服器已啟動但演員尚未加入時，則會傳回錯誤訊息「ERROR: EMPTY ACTOR POOL」。否則；如果有演員存在著，那就隨機選擇其中的一個。不過，這不是最好的方法——本節末尾會討論更強固的解決方案。

接下來把一個 JSON 訊息發送給演員。該訊息包含一個用來表達訊息 ID 的 id 欄位、一個用來表達所要呼叫的函數的 method 欄位（在本例中始終為 square_sum），最後是引數串列。在本案例中，HTTP 請求路徑包含一了個斜槓和一個數字，像是 *42*，並且該數字會被提取以用作引數。最後，伺服器會偵聽所提供的介面和連接埠。

接下來，請將範例 6-21 中的內容添加到檔案中。

範例 6-21 ch6-actors/server.js（第四部分）

```
function randomActor() {
  const pool = Array.from(actors);
  return pool[Math.floor(Math.random() * pool.length)];
}
```

檔案的這部分只是從 actors 串列中隨機獲取一個演員處理程式。

（暫時）完成此檔案後，請建立一個名為 *ch6-actors/actor.js* 的新檔案。這個檔案代表一個不提供伺服器的程序，而是連結到另一個伺服器程序。透過將範例 6-22 中的內容添加到裏面來啟動檔案。

範例 6-22 ch6-actors/actor.js（第一部分）

```
#!/usr/bin/env node

const net = require('net');
const RpcWorkerPool = require('./rpc-worker.js');

const [,, host] = process.argv;
const [hostname, port] = host.split(':');
const worker = new RpcWorkerPool('./worker.js', 4, 'leastbusy');
```

同樣的，該檔案以一些樣板開頭，用於提取伺服器程序的主機名稱和連接埠資訊。它還使用 RpcWorkerPool 類別來初始化執行緒池。這個池的大小被嚴格限制為四個執行緒，可以將它們認為是四個演員，並使用 leastbusy 演算法。

接下來，請將範例 6-23 中的內容添加到檔案中。

範例 6-23 ch6-actors/actor.js（第二部分）

```
const upstream = net.connect(port, hostname, () => {
  console.log('connected to server');
}).on('data', async (raw_data) => {
  const chunks = String(raw_data).split('\0'); ❶
  chunks.pop();
  for (let chunk of chunks) {
    const data = JSON.parse(chunk);
    const value = await worker.exec(data.method, ...data.args);
    upstream.write(JSON.stringify({
      id: data.id,
      value,
```

```
      pid: process.pid
    }) + '\0');
  }
}).on('end', () => {
  console.log('disconnect from server');
});
```

❶ 演員還需要處理空位元組區塊切分。

net.connect() 方法建立了連到上游連接埠和主機名稱（代表了伺服器程序）的連結，
一旦連結成功就會記錄一則訊息。當伺服器向這個演員發送訊息時，它會觸發 data 事
件，並傳入一個緩衝區實例作為 raw_data 引數。然後解析這個包含了 JSON 負載的資
料。

接下來演員程序呼叫它的一個 worker，然後呼叫所請求的方法並傳入引數。一旦
worker/ 演員完成後，資料就會被發送回伺服器實例。這裏使用 id 屬性來保留相同的訊
息 ID。我們必須提供此值，因為給定的演員程序可以同時接收多個訊息請求，並且主伺
服器程序需要知道哪個回覆是與哪個請求相關。訊息中還提供了傳回的 value。程序 ID
還會成為指派給回應的後設資料中的 pid，以便您可以直觀地看到哪個程式正在計算哪
些資料。

同樣的，值得注意的是此處缺少了適當的錯誤處理。如果發生連結錯誤，您會看到程序
完全終止。

圖 6-3 是您剛剛建構的實作的視覺化。

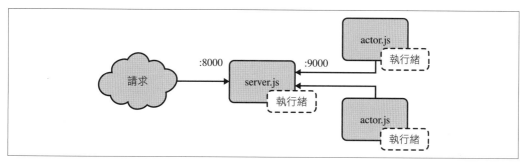

圖 6-3　本節中演員模型實作的視覺化

現在您的檔案已完成，您已準備好執行您的程式了。首先，執行伺服器，然後提供用於 HTTP 伺服器的主機名稱和連接埠，然後是用於 TCP 伺服器的主機名稱和連接埠。您可以透過執行以下命令來完成這件事：

```
$ node server.js 127.0.0.1:8000 127.0.0.1:9000
# web:   http://127.0.0.1:8000
# actor: tcp://127.0.0.1:9000
```

在此案例中，程序會顯示兩個伺服器的位址。

接下來，在新的終端機視窗中向伺服器發送請求：

```
$ curl http://localhost:8000/9999
# ERROR: EMPTY ACTOR POOL
```

哎呀！在此案例中，伺服器回覆錯誤訊息。由於沒有正在執行中的演員程序，因此沒有任何東西可以執行工作。

接下來，執行一個演員程序並為其提供伺服器實例的主機名稱和連接埠。您可以透過執行以下命令來做到這一點：

```
$ node actor.js 127.0.0.1:9000
```

您應該看到從伺服器和 worker 程序列印的一則訊息，表明已建立起連結。接下來，在另一個終端機視窗中再次執行 curl 命令：

```
$ curl http://localhost:8000/99999
# {"id":4,"value":21081376.519967034,"pid":160004}
```

您應該得到與之前列印的值相似的值。附加了新的演員程序後，該程式從有零個演員可以執行工作變成了有四個演員。但您無需止步於此。在另一個終端機視窗中，使用相同的命令執行另一個 worker 實例，並發出另一個 curl 命令：

```
$ node actor.js 127.0.0.1:9000

$ curl http://localhost:8000/8888888
# {"id":4,"value":21081376.519967034,"pid":160005}
```

當您多次執行該命令時，您應該會看到回應中的 pid 值發生了變化。恭喜，您現在已經動態的增加了應用程式可用的演員數量。這是在執行時完成的，不需停機即可有效提高應用程式的效能。

現在，演員模式的好處之一是程式碼在哪裡執行並不重要。在此案例中，演員活在外部程序中。這會讓伺服器在第一次執行時發生錯誤：發出了一個 HTTP 請求，但演員程序還沒有連結起來。解決此問題的一種方法是，也向伺服器程序添加一些演員。

修改第一個 *ch6-actors/server.js* 檔案，添加範例 6-24 中的內容。

Example 6-24. ch6-actors/server.js（第五部分，額外添加）

```javascript
const RpcWorkerPool = require('./rpc-worker.js');
const worker = new RpcWorkerPool('./worker.js', 4, 'leastbusy');
actors.add(async (data) => {
  const value = await worker.exec(data.method, ...data.args);
  messages.get(data.id).end(JSON.stringify({
    id: data.id,
    value,
    pid: 'server'
  }) + '\0');
  messages.delete(data.id);
});
```

這次對檔案的添加內容會在伺服器程序中建立了一個 worker 執行緒池，從而有效的向池中添加了額外的四個演員。使用 Ctrl+C 來終止您建立的現有伺服器和演員程序。然後，執行您的新伺服器程式碼並向其發送 curl 請求：

```
$ node server.js 127.0.0.1:8000 127.0.0.1:9000
$ curl http://localhost:8000/8888888
# {"id":8,"value":17667693458.923462,"pid":"server"}
```

在此案例中，`pid` 值已經硬編碼（hardcode）為 `server` 以表示執行計算的程序是伺服器程序。和以前非常類似，您可以執行更多的演員程序讓它們連結到伺服器並執行更多的 `curl` 命令來向伺服器發送請求。發生這種情況時，您應該看到請求是由專用的演員程序或由伺服器來處理的。

使用演員樣式，您不應該將加入的演員視為外部的 API。相反的，應該將它們視為程序本身的擴展。這種樣式可能很強大，而且它帶有一個有趣的使用案例。熱碼載入（*hot code loading*）是指用應用程式程式碼的新版本來替換掉舊版本，而且是在應用程式還持續執行時完成的。使用您建構的演員樣式，您可以修改 `actor.js` / `worker.js` 檔案、修改現有的 `square_sum()` 方法、甚至添加新的方法。然後，您可以啟動新的演員程序並終止舊的演員程序，然後主伺服器就會開始使用新的演員。

另外值得注意的是，本節中介紹的演員模型版本確實有幾個缺點，在產出過程中實作類似的東西之前應該考慮這些缺點。第一個是，雖然演員程序在挑選演員時是挑選其中最不忙的演員，但演員程序本身卻是被隨機選擇的。這可能會導致工作負載偏斜。為了解決這個問題，您需要某種協調機制來追蹤哪些演員是空閒的。

另一個缺點是單一演員無法被其他演員定址；事實上，一個演員不能呼叫另一個演員的程式碼。在架構上，這些程序類似於星型拓撲（star topology），其中演員程序直接連結到伺服器程序。理想情況下，所有演員都可以相互連結，並且演員可以單獨相互定址。

這種方法的一大好處是彈性。本節所介紹的方法只有一個 HTTP 伺服器。如果伺服器程序終止時，整個應用程序就會終止。更具彈性的系統可能讓每個程序既是 HTTP 伺服器又是 TCP 伺服器，並且具有到所有程序的反向代理路由請求。一旦進行了這些更改，您就會更靠近那些由更強固的平台所提供的演員模型實作版本了。

## 第七章

WebAssembly

雖然本書的標題是*多執行緒 JavaScript*，但現代的 JavaScript 執行時期（runtime）也支援 WebAssembly。如果您還不太清楚，WebAssembly（通常縮寫為 WASM）是一種二進位編碼的指令格式，會執行在基於堆疊的虛擬機上。它在設計時考慮到了安全性，並在沙箱（sandbox）中執行，在沙箱中它只能存取主機環境提供的記憶體和功能。在瀏覽器和其他 JavaScript 執行時期內擁有這樣的東西背後的主要動機是，要在執行速度比 JavaScript 還快得多的環境中執行您的程式中對效能敏感的那部分。另一個目標是為 C、C++ 和 Rust 等典型的編譯語言提供編譯目標。對於這些語言的開發人員來說，這為他們打開了 web 開發的大門。

通常，WebAssembly 模組使用的記憶體是由 `ArrayBuffers` 來表達，但也可以由 `SharedArrayBuffers` 表達。此外，還有用於原子運算的 WebAssembly 指令，類似於我們在 JavaScript 中的 `Atomics` 物件。有了 `SharedArrayBuffers`、原子運算和 web worker（或 Node.js 中的 `worker_threads`），我們就有了足夠的能力使用 WebAssembly 來完成一整套多執行緒程式設計任務。

在我們進入多執行緒 WebAssembly 之前，讓我們先建構一個「Hello, World!」範例並執行它，以尋找 WebAssembly 的優勢和侷限性。

您的第一個 WebAssembly

雖然 WebAssembly 是一種二進位格式，但有著純文本格式可以將它表達為人類可讀的形式。這與機器碼（machine code）可以用人類可讀的組合語言（assembly language）來表達的方式類似。這種 WebAssembly 文本格式的語言，就被簡單的稱為 WebAssembly 文本格式（WebAssembly text format），但通常使用的副檔名是 *.wat*，因此通常將這種語言稱為 WAT。它使用 *S- 運算式*（*S-expression*）作為其主要的語法分隔符號，這有助於解析和可讀性。主要來自 Lisp 語言家族的 S- 運算式是由括號分隔的巢狀串列（nested list），串列中的每個項目之間都有空格。

為了感受一下這種格式，讓我們以 WAT 中實作一個簡單的加法函數。請建立一個名為 *ch7-wasm-add/add.wat* 的檔案，並添加範例 7-1 的內容。

範例 *7-1 ch7-wasm-add/add.wat*

```
(module ❶
  (func $add (param $a i32) (param $b i32) (result i32) ❷
    local.get $a ❸
    local.get $b
    i32.add)
  (export "add" (func $add)) ❹
)
```

❶ 第一行宣告了一個模組。每個 WAT 檔案都以此開頭。

❷ 我們宣告了一個名為 $add 的函數，它接受兩個 32 位元整數並傳回另一個 32 位元整數。

❸ 這是函數本體的開始，其中我們有三個敘述。前兩個會抓取函數的參數，並將它們一個接一個放到堆疊上。回想一下，WebAssembly 是基於堆疊的。這意味著許多運算將在堆疊上的第一個（如果是一元的（unary））或前兩個（如果是二元的（binary））項目上進行運算。第三個敘述是對 i32 值的二進位「加法」運算，所以它會抓取堆疊頂部的兩個值，並將它們加在一起，然後將結果放在堆疊的頂部。函數的傳回值是完成後位於堆疊頂部的值。

❹ 為了在主環境中使用模組之外的函數，它需要被匯出。這裏我們匯出 $add 函數，並給它一個外部名稱 add。

我們可以使用 WebAssembly Binary Toolkit（WABT）中的 wat2wasm 工具將此 WAT 檔案轉換為 WebAssembly 二進位檔案。這可以透過 *ch7-wasm-add* 目錄中的以下單行命令來完成。

```
$ npx -p wabt wat2wasm add.wat -o add.wasm
```

現在我們有了第一個 WebAssembly 檔案了！這些檔案在主環境之外是沒有用的，所以讓我們編寫一些 JavaScript 來載入 WebAssembly 並測試 add 函數。請將範例 7-2 的內容添加到 *ch7-wasm-add/add.js* 中。

範例 *7-2 ch7-wasm-add/add.js*

```
const fs = require('fs/promises'); // 需要 Node.js v14 或更高版本 .

(async () => {
  const wasm = await fs.readFile('./add.wasm');
  const { instance: { exports: { add } } } = await WebAssembly.instantiate(wasm);
  console.log(add(2, 3));
})();
```

如果您使用前面的 `wat2wasm` 命令建立了 *.wasm* 檔案，您應該能夠在 *ch7-wasm-add* 目錄中執行它。

```
$ node add.js
```

您可以從輸出中驗證我們實際上是透過我們的 WebAssembly 模組進行加法的。

堆疊上的簡單數學運算不會使用線性記憶體，或像字串這種在 WebAssembly 中不具意義的概念。考慮 C 中的字串。實際上，它們只不過是指向位元組陣列開頭的指標，並以空（null）位元組結尾。我們不能以傳值（by value）方式，將整個陣列傳遞給 WebAssembly 函數或傳回它們，但我們可以透過傳參照（by reference）方式來傳遞它們。這意味著要將字串作為引數傳遞，我們需要先配置線性記憶體中的位元組並寫入它們，然後再將第一個位元組的索引傳遞給 WebAssembly 函數。這件事還會變得更加複雜，因為我們需要能夠管理線性記憶體中可用空間的方法。基本上我們需要實作能在線性記憶體上執行的 `malloc()` 和 `free()`。[1]

雖然在 WAT 中手動編寫 WebAssembly 顯然是可能的，但這通常不是提高生產力和獲得效能提升的最簡單途徑。它被設計成為更高階語言的編譯目標，這就是它真正寶貴的地方。第 159 頁的「使用 Emscripten 將 C 程式編譯為 WebAssembly」會更詳細探討了這一點。

WebAssembly 中的原子運算

儘管在本書中對每條 WebAssembly 指令（*https://oreil.ly/PfxJq*）進行全面處理是不合適的，但值得指出的是在共享記憶體上進行原子運算的特定指令，因為它們是多執行緒 WebAssembly 程式碼的關鍵，無論是從另一種語言編譯還是用 WAT 來手動編寫。

---

[1] 在 C 和其他沒有自動記憶體管理的語言中，必須配置記憶體以供 `malloc()` 等配置函數使用，然後使用 `free()` 等函數來釋放以供未來進行配置。垃圾回收等記憶體管理技術，讓使用 JavaScript 等高階語言編寫程式變得更容易，但它們不是 WebAssembly 的內建功能。

WebAssembly 指令通常以型別開頭。在原子運算的案例中，型別總會是 i32 或 i64，分別對應到 32 位元和 64 位元整數。所有原子運算在指令名稱旁都接著 .atomic.。在它後面，您會找到特定的指令名稱。

讓我們回顧一下一些原子運算指令。我們不會詳細介紹精確的語法，但這應該會讓您瞭解指令層級可用的運算種類：

```
[i32|i64].atomic.[load|load8_u|load16_u|load32_u]
```

load 指令系列相當於 JavaScript 中的 Atomics.load()。使用那些具有字尾的指令讓您可以載入較少數量的位元，並用零來擴展結果。

```
[i32|i64].atomic.[store|store8|store16|store32]
```

store 系列指令相當於 JavaScript 中的 Atomics.store()。使用那些具有字尾的指令將輸入值包裝到該位元數並將其儲存在索引處。

```
[i32|i64].atomic.[rmw|rmw8|rmw16|rmw32].[add|sub|and|or|xor|xchg|cmpxchg][|_u]
```

rmw 系列指令全都執行讀取 - 修改 - 寫入運算，分別相當於 JavaScript 中 Atomics 物件的 add()、sub()、and()、or()、xor()、exchange() 和 compareExchange()。這些運算在要以零擴展時會以 _u 為字尾，而 rmw 可以有一個與要讀取的位元數相對應的字尾。

接下來的兩個運算的命名慣例略有不同：

```
memory.atomic.[wait32|wait64]
```

它們相當於 JavaScript 中的 Atomics.wait()，並根據它們運算的位元數添加字尾。

```
memory.atomic.notify
```

這相當於 JavaScript 中的 Atomics.notify()。

這些指令足以在 WebAssembly 中執行和在 JavaScript 中一樣的原子運算，但還有一個 JavaScript 中不能用的額外運算：

```
atomic.fence
```

此指令不帶有任何引數，也不傳回任何內容。它旨在供高階語言使用，而這些語言具有能夠保證對共享記憶體的非原子存取會依照正確順序執行的方法。

所有這些運算都與給定的 WebAssembly 模組的線性記憶體（*linear memory*）一起使用，這是它可以讀取和寫入值的沙箱。當 WebAssembly 模組從 JavaScript 初始化時，它們可以使用作為選項提供的線性記憶體來進行初始化。這可以由 `SharedArrayBuffer` 支援以啟用跨執行緒的用途。

儘管我們當然可以在 WebAssembly 中使用這些指令，但它們與 WebAssembly 的其餘部分一樣存在相同的缺點：編寫起來非常乏味和費力。幸運的是，我們可以將更高階的語言編譯為 WebAssembly。

使用 Emscripten 將 C 程式編譯為 WebAssembly

早在 WebAssembly 之前，Emscripten（*https://emscripten* 只有）需要改全形喔一直是用來編譯 C 和 C++ 程式以在 JavaScript 環境中使用的首選方法。今天，它使用瀏覽器中的 web worker 和 Node.js 中的 `worker_threads` 來支援多執行緒 C 和 C++ 程式碼。

事實上，使用 Emscripten 可以毫無問題的編譯大量現有的多執行緒程式碼。在 Node.js 和瀏覽器中，Emscripten 模擬了編譯成 WebAssembly 的原生碼（native code）所使用的系統呼叫，以便那些用編譯語言編寫的程式，不需要太多更改就可以執行。

事實上，我們在第一章中所編寫的 C 程式碼無需任何編輯即可編譯！讓我們現在來試一試。我們將使用 Docker 映像檔（image）來簡化 Emscripten 的使用。對於其他編譯器工具鏈（toolchain），我們希望確保工具鏈與系統能保持一致，但由於 WebAssembly 和 JavaScript 都是與平台無關的，因此我們可以在支援 Docker 的任何地方使用 Docker 鏡像檔。

首先，請確保安裝了 Docker（*https://docker.com*）。然後，在您的 *ch1-c-threads* 目錄執行以下命令：

```
$ docker run --rm -v $(pwd):/src -u $(id -u):$(id -g) \
  emscripten/emsdk emcc happycoin-threads.c -pthread \
  -s PTHREAD_POOL_SIZE=4 -o happycoin-threads.js
```

這個命令有一些事情需要討論。我們正在執行 `emscripten/emsdk` 映像檔，掛載著當前的目錄，並以當前使用者身份執行。`emcc`（含）之後的所有內容，都是我們在容器內執行的命令。在大多數情況下，這看起來很像我們在使用 `cc` 編譯 C 程式時所做的事情。主要區別在於輸出檔案是 JavaScript 檔案，而不是可執行的二進位檔案。別擔心！它還會產生一個 *.wasm* 檔案。JS 檔案被用來當作任何必要的系統呼叫和設置執行緒間的橋樑，因為它們不能單獨在 WebAssembly 中實例化。

另一個額外的引數是 `-s PTHREAD_POOL_SIZE=4`。由於 *happycoin-threads.c* 使用了三個執行緒，我們在這裡提前將它們進行配置。在 Emscripten 中有幾種處理執行緒建立的方法，主要是因為不會阻擋了主瀏覽器執行緒。在這裡進行預配置最容易，因為我們知道需要多少執行緒。

現在我們可以執行 WebAssembly 版本的多執行緒 Happycoin。我們將使用 Node.js 執行 JavaScript 檔案。在撰寫本文時，這需要 Node.js v16 或更高版本，因為那是 Emscripten 的輸出所支援的。

```
$ node happycoin-threads.js
```

輸出應該會類似於以下內容：

```
120190845798210000 ... [ 106 more entries ] ... 14356375476580480000
count 108
Pthread 0x9017f8 exited.
Pthread 0x701500 exited.
Pthread 0xd01e08 exited.
Pthread 0xb01b10 exited.
```

輸出看起來和我們前面章節中的其他 Happycoin 範例相同，但是 Emscripten 提供的包裝器還會在執行緒退出時通知我們。您也需要按 Ctrl+C 來退出程式。為了獲得額外的樂趣，看看您是否能找出需要更改的內容，以便在程序完成後退出程式，並避免那些 Pthread 訊息。

在與原生或 JavaScript 版本的 Happycoin 進行比較時，您可能會注意到的一件事是時間。它顯然會比多執行緒 JavaScript 版本還快，但也比原生多執行緒 C 版本慢一點。與往常一樣，重要的是對您的應用程式進行測量，以確保您會透過正確的取捨來獲得正確的效益。

雖然 Happycoin 範例不使用任何原子運算，但 Emscripten 支援全套的 POSIX 執行緒功能和 GNU 編譯器集合（GNU Compiler Collection, GCC）內建的原子運算函數。這意味著大量 C 和 C++ 程式可以使用 Emscripten 編譯為 WebAssembly。

其他 WebAssembly 編譯器

Emscripten 並不是將程式碼編譯為 WebAssembly 的唯一方法。事實上，WebAssembly 主要是作為編譯目標而設計的，而不是用來作為一種通用語言。有無數的工具可以將知名的語言編譯成 WebAssembly，甚至有一些語言以 WebAssembly 為主要目標，而不是機器碼。這裡我們列出了其中一些，但絕不是詳盡無遺的（*https://oreil.ly/wKfBe*）。您會注意到這裡有很多「在撰寫本文時」的情況出現，因為這個領域相對較新，建立多執行緒 WebAssembly 程式碼的最佳方法仍在開發中！至少，在撰寫本文時。

Clang/Clang++

LLVM C 系列編譯器可以分別使用 `-target wasm32-unknown-unknown` 或 `-target wasm64-unknown-unknown` 選項來將 WebAssembly 設定為目標。這實際上是 Emscripten 目前的基礎所在，其中 POSIX 執行緒和原子運算會如預期般工作。在撰寫本文時，這是對多執行緒 WebAssembly 的一些最佳支援方式。雖然 `clang` 和 `clang++` 支援 WebAssembly 輸出，但我們推薦的方法是使用 Emscripten，以在瀏覽器和 Node.js 中獲得完整的平台支援。

Rust

Rust 程式語言編譯器 `rustc` 支援 WebAssembly 輸出。Rust 網站是關於如何用這種方式來使用 `rustc` 的一個很好的起點（*https://oreil.ly/ibOs3*）。要使用執行緒，您可以使用 `wasm-bindgen-rayon` crate（*https://oreil.ly/Pyuv4*），它提供了使用 web worker 實作的平行 API。在撰寫本文時，Rust 的標準程式庫執行緒支援還無法使用。

AssemblyScript

AssemblyScript 編譯器接受 TypeScript 的一個子集合作為輸入，然後產生 WebAssembly 輸出。雖然它不支援產生執行緒，但它支援原子運算和使用 `SharedArrayBuffers`1，所以只要您透過 web worker 或 `worker_threads` 在 JavaScript 端處理執行緒本身的話，您就可以充分利用 AssemblyScript 中的多執行緒程式設計。我們將在下一節中更深入地介紹它。

當然，還有更多的選擇，而且不斷有新的選擇出現。這值得您在網上瀏覽一下，看看您選擇的編譯語言，是否可以使用 WebAssembly 為目標，以及它是否支援 WebAssembly 中的原子運算。

AssemblyScript

AssemblyScript（*https://assemblyscript.org*） 是 編 譯 成 WebAssembly 的 TypeScript（https://typescriptlang.org）的子集合。和編譯現有語言以及提供現有系統 API 的實作不同的是，AssemblyScript 被設計為用一種比 WAT 更親切的語法，來產生 WebAssembly 程式碼的方式。AssemblyScript 的一個主要賣點是，許多專案已經使用 TypeScript，因此添加一些 AssemblyScript 程式碼來利用 WebAssembly 並不需要太多的語境切換，甚至不需要學習完全不同的程式語言。

AssemblyScript 模組看起來很像 TypeScript 模組。如果您還不熟悉 TypeScript，它可以被認為是普通的 JavaScript，但有一些額外的語法來指明型別資訊。以下是一個執行加法的基本 TypeScript 模組：

```
export function add(a: number, b: number): number {
  return a + b
}
```

您會注意到這看起來和一般的 ECMAScript 模組幾乎完全相同，除了以： `number` 所標示的型別資訊以及傳回值的型別之外。TypeScript 編譯器可以使用這些型別來檢查呼叫此函數的任何程式碼是否傳入正確的型別並假設傳回值的型別是正確的。

AssemblyScript 看起來非常相似，除了使用 JavaScript 的 `number` 型別之外，每個 WebAssembly 型別都有內建的型別。如果我們想在 TypeScript 中編寫相同的加法模組，並假設所有型別都是 32 位元整數的話，它看起來會像是範例 7-3。請自己試試並將其添加到名為 *ch7-wasm-add/add.ts* 的檔案中。

範例 *7-3. ch7-wasm-add/add.ts*
```
export function add(a: i32, b: i32): i32 {
  return a + b
}
```

由於 AssemblyScript 檔案只是一種 TypeScript，因此它們使用相同的 *.ts* 副檔名。要將給定的 AssemblyScript 檔案編譯為 WebAssembly，我們可以使用 `assemblyscript` 模組中的 `asc` 命令。請嘗試在 *ch7-wasm-add* 目錄中執行以下命令：

```
$ npx -p assemblyscript asc add.ts --binaryFile add.wasm
```

您可以嘗試使用和範例 7-2 相同的 *add.js* 檔案來執行 WebAssembly 程式碼。由於程式碼相同，因此輸出應該相同。

如果您省略 `--binaryFile add.wasm`，您將獲得轉換為 WAT 的模組，如範例 7-4 所示。您會看到它與範例 7-1 大致相同。

範例 *7-4 AssemblyScript* **add** *函數的 WAT 再現*

```
(module
 (type $i32_i32_=>_i32 (func (param i32 i32) (result i32)))
 (memory $0 0)
 (export "add" (func $add/add))
 (export "memory" (memory $0))
 (func $add/add (param $0 i32) (param $1 i32) (result i32)
  local.get $0
  local.get $1
  i32.add
 )
)
```

AssemblyScript 不提供產生執行緒的能力，但可以在 JavaScript 環境中產生執行緒，並且 SharedArrayBuffers 可以用來作為 WebAssembly 記憶體。最重要的是，它透過全域的 atomics 物件來支援原子運算，這和正規的 JavaScript 的 Atomics 沒有特別不同。主要的區別在於，這些函數不是在 TypedArray 上操作的，而是在 WebAssembly 模組的線性記憶體上操作的，並帶有一個指標和一個可選的偏移量。相關詳細資訊請參閱 AssemblyScript 說明文件（*https://oreil.ly/LhTkW*）。

為了看到它的實際效果，讓我們再建立一個我們自第一章以來一直在重覆的 Happycoin 範例的實作。

AssemblyScript 中的 Happycoin

與之前版本的 Happycoin 範例非常相似，本方法在多個執行緒上多工（multiplex）處理數字並送回結果，這讓我們一窺多執行緒 AssemblyScript 是如何運作的。在實際應用程式中，您可能希望利用共享記憶體和原子運算，但為了簡單起見，我們將堅持將工作分散到執行緒中。

讓我們首先建立一個名為 *ch7-happycoin-as* 的目錄並切換到該目錄。我們將初始化一個新專案並添加一些必要的依賴項，如下所示：

```
$ npm init -y
$ npm install assemblyscript
$ npm install @assemblyscript/loader
```

assemblyscript 套件包含了 AssemblyScript 編譯器，而 assemblyscript/loader 套件則為我們提供了與建立後的模組互動的便捷工具。

在新建立的 *package.json* 中的 `scripts` 物件中，我們將添加「build」和「start」屬性以簡化程式的編譯和執行：

```
"build": "asc happycoin.ts --binaryFile happycoin.wasm --exportRuntime",
"start": "node --no-warnings --experimental-wasi-unstable-preview1 happycoin.mjs"
```

上面所附加的 `--exportRuntime` 參數為我們提供了一些高階工具，用於與來自 AssemblyScript 的值進行互動。我們稍後會再談到。

在「`start`」腳本中呼叫 Node.js 時，我們傳遞了實驗性的 WASI 旗標。這將啟用 WebAssembly 系統介面 (WebAssembly System Interface, WASI) (*https://wasi.dev*) 介面，使得 WebAssembly 能夠存取原本無法存取的系統層級功能。我們將使用源自 AssemblyScript 的它來產生亂數。因為在撰寫本文時它還是實驗性的，所以我們將添加 `--no-warnings` 旗標 以抑制我們因為使用 WASI 而收到的警告。實驗狀態也意味著旗標在未來可能會發生變化，因此請務必查閱 Node.js 說明文件以瞭解您正在執行的 Node.js 版本。

現在，讓我們來編寫一些 AssemblyScript！範例 7-5 包含了 Happycoin 演算法的 AssemblyScript 版本。請繼續試試並將其添加到名為 *happycoin.ts* 的檔案中。

範例 7-5 *ch7-happycoin-as/happycoin.ts*

```
import 'wasi'; ❶

const randArr64 = new Uint64Array(1);
const randArr8 = Uint8Array.wrap(randArr64.buffer, 0, 8); ❷
function random64(): u64 {
  crypto.getRandomValues(randArr8); ❸
  return randArr64[0];
}

function sumDigitsSquared(num: u64): u64 {
  let total: u64 = 0;
  while (num >0) {
    const numModBase = num % 10;
    total += numModBase ** 2;
    num = num / 10;
  }

  return total;
}
function isHappy(num: u64): boolean {
  while (num != 1 && num != 4) {
    num = sumDigitsSquared(num);
```

```
  }
  return num === 1;
}

function isHappycoin(num: u64): boolean {
  return isHappy(num) && num % 10000 === 0;
}

export function getHappycoins(num: u32): Array<u64>{
  const result = new Array<u64>();
  for (let i: u32 = 1; i< num; i++) {
    const randomNum = random64();
    if (isHappycoin(randomNum)) {
      result.push(randomNum);
    }
  }
  return result;
}
```

❶ 此處匯入 `wasi` 模組以確保能載入能夠啟用 WASI 的適當全域變數。

❷ 我們為亂數初始化了一個 `Uint64Array`，但由於 `crypto.getRandomValues()` 只適用於 `Uint8Array`，所以我們也將在此處建立其中一個以作為同一緩衝區上的視圖。此外，AssemblyScript 中的 `TypedArray` 建構子函數並沒有重載（overload），因此有一個靜態的 `wrap()` 方法可用於從 `ArrayBuffer` 實例建構新的 `TypedArray` 實例。

❸ 這個方法是我們用來啟用 WASI 的方法。

如果您熟悉 TypeScript，您可能會認為這個檔案看起來非常接近第 60 頁的「Happycoin：重溫舊夢」的 TypeScript 連接埠。您是對的！這是 AssemblyScript 的主要優勢之一。我們並不是使用全新的語言進行編寫，但我們正在編寫和 WebAssembly 非常接近的程式碼。請注意，匯出函數的傳回值是 `Array<u64>` 型別。WebAssembly 中匯出的函數，不能傳回任何型別的陣列，但它們可以傳回指向模組記憶體的索引（實際上就是一個指標），這正是此處所發生的事情。我們可以手動的處理這個問題，但正如我們即將看到的，AssemblyScript 載入器（loader）使它變得更容易。

當然，由於 AssemblyScript 不提供自己產生執行緒的方法，因此我們需要從 JavaScript 中執行此運算。在這個範例中，我們將使用 ECMAScript 模組來利用最高階的 `await` 之優勢，所以請繼續將範例 7-6 的內容放入一個名為 *happycoin.mjs* 的檔案中。

範例 *7-6 ch7-happycoin-as/happycoin.mjs*

```javascript
import { WASI } from 'wasi'; ❶
import fs from 'fs/promises';
import loader from '@assemblyscript/loader';
import { Worker, isMainThread, parentPort } from 'worker_threads';

const THREAD_COUNT = 4;

if (isMainThread) {
  let inFlight = THREAD_COUNT;
  let count = 0;
  for (let i = 0; i< THREAD_COUNT; i++) {
    const worker = new Worker(new URL(import.meta.url)); ❷
    worker.on('message', msg => {
      count += msg.length;
      process.stdout.write(msg.join(' ') + ' ');
      if (--inFlight === 0) {
        process.stdout.write('\ncount ' + count + '\n');
      }
    });
  }
} else {
  const wasi = new WASI();
  const importObject = { wasi_snapshot_preview1: wasi.wasiImport };
  const wasmFile = await fs.readFile('./happycoin.wasm');
  const happycoinModule = await loader.instantiate(wasmFile, importObject);
  wasi.start(happycoinModule);

  const happycoinsWasmArray =
    happycoinModule.exports.getHappycoins(10_000_000/THREAD_COUNT);
  const happycoins = happycoinModule.exports.__getArray(happycoinsWasmArray);
  parentPort.postMessage(happycoins);
}
```

❶ 如果沒有 `--experimental-wasi-unstable-preview1` 旗標的話，就無法做到這一點。

❷ 如果您不熟悉 ESM，這裏可能看起來很奇怪。我們沒有像在 CommonJS 模組中那樣獲得 `__filename` 變數。相反的，`import.meta.url` 屬性為我們提供了完整路徑作為檔案 URL 字串。我們需要將它傳遞給 URL 建構子函數，以便它可以用作 Worker 建構子函數的輸入。

此處改編自第 60 頁的「Happycoin：重溫舊夢」，我們再次檢查我們是否在主執行緒中，並從主執行緒產生四個 worker 執行緒。在主執行緒中，我們期望預設的 **MessagePort** 上只有一則訊息，裏面包含了一組找到的 Happycoin。一旦所有的 worker 執行緒都發送了訊息，我們只需記錄找到的 Happycoin 和它們全部的計數。

在 worker 執行緒中的 else 那邊，我們初始化一個 WASI 實例以傳遞給 WebAssembly 模組，然後使用 @assemblyscript/loader 來實例化該模組，為我們提供了要處理從 getHappycoins 函數獲得的陣列傳回值所需的東西。我們呼叫由模組匯出的 getHappycoins() 方法，它為我們提供了一個指向 WebAssembly 線性記憶體中陣列的指標。載入器提供的 __getArray 函數會將該指標轉換為 JavaScript 陣列，然後我們就可以正常的使用它。我們將它傳遞給主執行緒以進行輸出。

要執行此範例，請執行以下兩個命令。第一個會把 AssemblyScript 編譯為 WebAssembly，第二個會透過我們剛剛組合在一起的 JavaScript 來執行它：

```
$ npm run build
$ npm start
```

輸出看起來會和之前的 Happycoin 範例大致相同。以下是一次在本地端執行的輸出：

```
7641056713284760000 ... [ 134 more entries ] ... 10495060512882410000
count 136
```

和所有這些解決方案一樣，對那些透過適當基準測試後所面臨的取捨進行評估是很重要的。作為練習，請嘗試將此範例與本書中的其他 Happycoin 實作進行計時。它是更快還是更慢呢？您能弄清楚為什麼嗎？又可以進行哪些改進呢？

## 第八章

分析

到目前為止，您應該非常熟悉使用 JavaScript 來建構多執行緒應用程式了，無論是在使用者瀏覽器或伺服器中執行的程式碼，或甚至是兩者都使用的應用程式。而且，雖然這本書提供了很多使用案例和參考資料，但它並沒有說過「您應該幫您的應用程式添加多執行緒」，這有一個重要的原因。

總體來說，幫應用程式添加 worker 的主要原因是為了提高效能。但這種取捨會增加複雜性。有一個 *KISS* 原則（*KISS principle*），意思是「保持簡單、愚蠢（Keep It Simple, Stupid）」，它建議您的應用程式應該要非常簡單，任何人都可以快速查看程式碼並能理解它。能夠在編寫程式碼後還能讀懂程式碼是最重要的，毫無目的的將執行緒添加到程式中絕對是違反 KISS 的。

向應用程式添加執行緒絕對要有充分的理由，只要您去衡量效能並確認速度的提升會超過所增加的維護成本的話，那麼您就會發現自己應該使用執行緒。但是，如果不經歷所有實作執行緒的工作，您如何確認執行緒會或不會有幫助的情況是哪些呢？您又要如何衡量效能的影響呢？

何時不使用

執行緒並不是解決應用程式效能問題的靈丹妙藥。就效能而言，它通常也不是最方便的作法，而通常應該當作是最後的努力來完成。在 JavaScript 中尤其如此，因在其中多執行緒不像其他語言那樣被社群廣泛理解。加入執行緒的支援可能需要對應用程式進行大幅更改，這意味著如果您先去找出其他程式碼效率低下的地方，那麼您的效能收益可能會更高。

一旦完成，而且讓您的應用程式在其他部份的效能都很好之後，那麼您就會面臨這樣一個問題：「現在是添加多執行緒的好時機嗎？」本節的其餘部分包含了一些添加執行緒之後很可能並不會提供任何效能優勢的情況。這可以幫助您省下一些探索工作。

低記憶體限制

在 JavaScript 中實例化多個執行緒時，會產生一些額外的記憶體負擔。這是因為瀏覽器需要為新的 JavaScript 環境配置額外的記憶體——這包括程式碼可用的全域變數，和 API 以及引擎本身使用的記憶體等內容。在使用 Node.js 時的一般伺服器環境或使用瀏覽器時的強大筆記型電腦等情況中，這種額外負擔可能會被證明會是最小的。但是，如果您在只有 512 MB RAM 的嵌入式 ARM 裝置上執行程式碼，或在國中小的電腦教室中使用捐贈的小筆電時，這可能會是一個障礙。

額外的執行緒對記憶體的影響是什麼？這有點難以量化，它會根據 JavaScript 引擎和平台而變化。安全的答案是，與大多數效能層面一樣，您應該在真實世界環境中對其進行測量。不過我們當然還是可以嘗試去得到一些具體的數字。

首先，讓我們考慮一個簡單的 Node.js 程式，它只是啟動一個計時器並且不引入任何第三方模組。此程式如下所示：

```
#!/usr/bin/env node

const { Worker } = require('worker_threads');
const count = Number(process.argv[2]) || 0;

for (let i = 0; i< count; i++) {
  new Worker(__dirname + '/worker.js');
}

console.log(`PID: ${process.pid}, ADD THREADS: ${count}`);
setTimeout(() => {}, 1 * 60 * 60 * 1000);
```

執行程式並測量記憶體使用狀況會顯示如下內容：

```
# 終端機 1
$ node leader.js 0
# PID 10000

# 終端機 2
$ pstree 10000 -pa # Linux only
$ ps -p 10000 -o pid,vsz,rss,pmem,comm,args
```

`pstree` 命令顯示程式所使用的執行緒。它顯示了主要的 V8 JavaScript 執行緒，以及第 9 頁的「隱藏執行緒」中所介紹的一些背景執行緒。以下是命令的輸出範例：

```
node,10000 ./leader.js
  ├─{node},10001
  ├─{node},10002
  ├─{node},10003
  ├─{node},10004
  ├─{node},10005
  └─{node},10006
```

`ps` 命令顯示關於程序的資訊，特別是程序的記憶體使用狀況。以下是該命令的輸出範例：

```
 PID    VSZ    RSS  %MEM COMMAND    COMMAND
66766 1409260 48212   0.1 node      node ./leader.js
```

這裡有兩個重要的變數用於衡量程式的記憶體使用狀況，它們都以千位元組（KB）為單位。這裡的第一個是 `VSZ`，或虛擬記憶體大小（*virtual memory size*），即程序可以存取的記憶體，包括已交換（swapped）記憶體、已配置記憶體，甚至共享程式庫（如 TLS）所使用的記憶體，大約 1.4 GB。接下來是 `RSS`，即**常駐集合大小**（*resident set size*），它是程序當前使用的實體記憶體量，大約為 48 MB。

測量記憶體量可能有點麻煩，而且估計記憶體中實際上可以容納多少程序是很棘手的事。在此案例中，我們將主要查看 `RSS` 值。

現在，讓我們考慮一下使用了執行緒的程式的更複雜版本。同樣的，我們將使用相同的超簡單計時器，但在此案例中將總共建立四個執行緒。在這種情況下，需要一個新的 *worker.js* 檔案：

```
console.log(`WPID: ${process.pid}`);
setTimeout(() =>{}, 1 * 60 * 60 * 1000);
```

使用大於 0 的數字引數來執行 *leader.js* 程式會允許程式建立額外的 worker。表 8-1 列出了 `ps` 對於每個執行緒在不同迭代的記憶體使用狀況的輸出。

表 8-1　Nodejs v165 的執行緒記憶體額外負擔

添加執行緒	VSZ	RSS	大小
0	318,124 KB	31,836 KB	47,876 KB
1	787,880 KB	38,372 KB	57,772 KB
2	990,884 KB	45,124 KB	68,228 KB
4	1,401,500 KB	56,160 KB	87,708 KB
8	2,222,732 KB	78,396 KB	126,672 KB
16	3,866,220 KB	122,992 KB	205,420 KB

圖 8-1　顯示了 RSS 記憶體和執行緒數量之間的相關性。

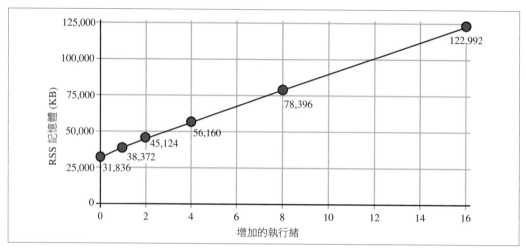

圖 8-1　每增加一個執行緒，記憶體使用量就會增加

根據此資訊，在 x86 處理器上使用 Node.js 16.5 實例化每個新執行緒，所增加的 RSS 記憶體額外負擔似乎大約為 6 MB。同樣的，這個數字會有點波動，您需要在您的特定情況下測量它。當然，當執行緒導入更多模組時，記憶體額外負擔也會增加。如果您要在每個執行緒中實例化繁重的框架和 web 伺服器的話，您最終可能會向您的程序添加數百 MB 的記憶體。

雖然找到它們的機會變得越來越少，但在 32 位元電腦或智慧型手機上執行的程式的最大可定址記憶體空間為 4 GB。此限制在程式中的所有執行緒之間共享。

低核心計數

在核心較少的情況下，您的應用程式的執行速度會變慢。如果機器只有一個核心，尤其是如此，如果它有兩個核心，那麼也可能會如此。即使您在應用程式中使用執行緒池，並根據核心數來擴展池的大小，如果應用程式只建立一個 worker 執行緒，它也會變慢。當您又建立額外執行緒時，應用程式現在至少有兩個執行緒（主執行緒和 worker 執行緒），這兩個執行緒會相互競爭注意力。

應用程式會變慢的另一個原因是，執行緒之間的通訊會產生額外的負擔。在單一核心和兩個執行緒的情況下，即使這兩者從不競爭資源（也就是主執行緒在 worker 執行緒執行時沒有事情可做，反之亦然），在兩個執行緒之間進行訊息傳遞時仍然會產生額外負擔。

這可能不是什麼大問題。例如，如果您建立一個可在多種環境中執行的分散式應用程式，通常會在多核心系統上執行，而很少在單核心系統上執行的話，那麼這種額外負擔可能沒問題；但是，如果您正在建構一個幾乎會完全在單核心環境中執行的應用程式，那麼不要添加執行緒可能會更好。也就是說，不宜利用強大的多核心開發人員筆記型電腦建構了一個應用程式之後，再將它交付到一個容器編排器（orchestrator）會把應用程式限制為單核心的產出環境。

到底我們所談論的效能損失是多少呢？在 Linux 作業系統上，告訴作業系統說一個程式以及它所有執行緒，應該只能在 CPU 核心的一個子集合上執行是很簡單的事。使用該命令可以讓開發者測試在低核心環境下，執行多執行緒應用程式的效果。如果您使用的是基於 Linux 的電腦，請隨意執行這些範例；如果不是的話，會提供摘要資訊。

首先，回到您在第 121 頁的「執行緒池」中建立的 *ch6-thread-pool/* 範例。執行應用程式，使其建立一個具有兩個 worker 執行緒的 worker 執行緒池：

```
$ THREADS=2 STRATEGY=leastbusy node main.js
```

請注意，執行緒池包含 2 個執行緒時，應用程式具有三個可用的 JavaScript 環境，而 `libuv` 的預設池應該包含 5 個執行緒，因此在 Node.js v16 中，總共會有大約 8 個執行緒。隨著程式執行並能夠存取機器上的所有核心，您就可以執行快速基準測試了。執行以下命令向伺服器發送一連串的請求：

```
$ npx autocannon http://localhost:1337/
```

在本案例中，我們只對平均請求率（average request rate）感興趣，這在所輸出的最後一個表格中以 Req/Sec 欄和 Avg 欄標識出來。在某一次範例執行中，傳回了 17.5 這個值。

使用 Ctrl+C 中止伺服器並再次執行它。但是這次使用 `taskset` 命令來強制程序（以及它所有的子執行緒）使用相同的 CPU 核心：

```
# 僅限 Linux 命令
$ THREADS=2 STRATEGY=leastbusy taskset -c 0 node main.js
```

在本案例中設定了兩個環境變數 `THREADS` 和 `STRATEGY`，然後執行 `taskset` 命令。`-c 0` 旗標告訴命令說只允許程式使用第 0 個 CPU。隨後的引數被視為要執行的命令。請注意，`taskset` 命令還可用來修改已執行的程序。當這種情況發生時，該命令會顯示一些有用的輸出來告訴您會發生什麼事。這是在具有 16 核心的電腦上使用該命令時的輸出副本：

```
pid 211154's current affinity list: 0-15
pid 211154's new affinity list: 0
```

在本案例中,它表示該程式曾經可以存取所有的 16 個核心(0-15),但現在它只能存取一個(0)。

當程式執行並鎖定到單一 CPU 核心以模擬可用的核心較少的環境時,再次執行相同的基準測試命令:

```
$ npx autocannon http://localhost:1337/
```

在某次這樣的執行中,每秒的平均請求數已減少到 8.32。這意味著,當嘗試在單核心環境中使用三個 JavaScript 執行緒時,與能存取所有核心相比,會導致此特定程式的產能只有 48% 的效能!

一個很自然的問題可能是:為了最大化 *ch6-thread-pool* 應用程式的產能,執行緒池應該要有多大,還有應該為應用程式提供多少核心?為了找到答案,我們將基準測試的 16 種排列方式應用在應用程式上並測量其效能。測試的時間長度則加倍到兩分鐘,以幫忙減少任何無關緊要的請求。表 8-2 中提供了此資料的表格版本。

表 8-2   可用的核心與執行緒池大小的比較及其對產能的影響

	1 核心	2 核心	3 核心	4 核心
1 執行緒	8.46	9.08	9.21	9.19
2 執行緒	8.69	9.60	17.61	17.28
3 執行緒	8.23	9.38	16.92	16.91
4 執行緒	8.47	9.57	17.44	17.75

圖 8-2 中重現了資料的圖表。

在此案例中,當專用於執行緒池的執行緒數量至少為 2,且應用程式可用的核心數至少為 3 時,效能明顯較優。除此之外,資料並沒有什麼太有趣的了。在真實世界應用程式中衡量核心與執行緒的影響時,您可能會看到更有趣的效能取捨。

該資料提出了一個問題:為什麼添加兩個以上或三個以上的執行緒,不會使應用程式更快呢?回答此類問題需要做出假設、以應用程式的程式碼進行實驗、還有嘗試消除任何的瓶頸。在本案例中,可能是因為主執行緒忙於協調、處理請求和與執行緒通訊,以至於 worker 執行緒無法完成很多工作。

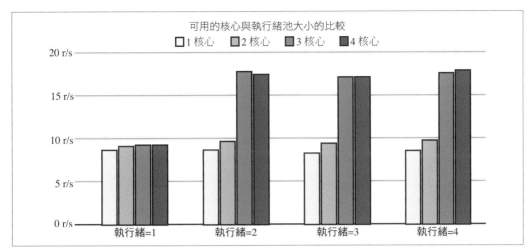

圖 8-2　可用的核心與執行緒池大小的比較及其對產能的影響

容器對上執行緒

在編寫像是 Node.js 這類伺服器軟體時，一個經驗法則是程序應該是水平擴展（scale）的。這是一個奇特的術語，意思是您應該以隔離的方式，來執行一個程序的多個冗餘（redundant）版本——例如在 Docker 容器中。水平擴展以允許開發人員微調整個應用程式群的效能的方式來提高效能。當擴展原語以執行緒池的形式出現在程式中時，這種調整就沒辦法那麼容易的執行了。

編排器（例如 Kubernetes）是橫跨多個伺服器執行容器的工具。它們使得按照需求來擴展應用程式變得更容易；在假期期間，工程師可以手動的增加執行中的實例數量。編排器還可以根據其他啟發式方法（heuristics）（例如 CPU 使用率、流量產能、甚至工作佇列的大小）來動態的更改擴展。

如果在執行時期的應用程式中執行這種動態擴展的話，它會是什麼樣子呢？好吧，當然需要調整可用執行緒池的大小。還需要進行某種通訊，允許工程師向程序發送訊息來調整池的大小；也許還需要額外的伺服器在通信埠上偵聽此類管理命令。然後，此類功能會需要將額外的複雜性添加到應用程式的程式碼中。

雖然添加額外程序而不是增加執行緒數量會增加整體資源的消耗，更不用說將程序包裝在容器中的額外負擔了，但大公司通常會更喜歡這種方法的擴展彈性。

何時使用

有時您會很幸運，最終會遇到一個可以從多執行緒解決方案中受益匪淺的問題。以下是此類問題的一些需要注意的最直接的特徵：

尷尬的平行（*embarrassingly parallel*）

這一類問題是，其中有一個大任務可以分解為更小的任務，並且它們很少或不需要共享狀態。其中一個問題是第 106 頁上的「應用範例：康威的生命遊戲」中介紹的生命遊戲模擬。在這個問題中，遊戲網格可以細分為更小的網格，每個網格可以專用於一個單獨的執行緒。

重度數學

適合執行緒的問題的另一個特徵是那些涉及大量使用數學的問題，也就是 CPU 密集型工作。當然，有人可能會說電腦所做的一切都是數學，但數學密集型應用程式的反面是 I/O 密集型應用程式，或者主要處理網路運算的應用程式。考慮一個密碼雜湊破解工具，它具有密碼的弱 SHA1 摘要。此類工具可以透過對 10 個字元密碼的每個可能組合執行安全雜湊演算法 1（Secure Hash Algorithm 1, SHA1）演算法來運作，而這確實是大量的數字運算。

MapReduce- 友善問題

MapReduce 是一種受函數式程式設計啟發的程式設計模型。該模型通常用於分散在許多不同機器上的大規模資料處理。MapReduce 分為兩部分。第一個是 Map，它接受一串列的值並會產生一串列的值；第二個是 Reduce，在其中會再次對這串列的值進行迭代，並產生一個單值。可以使用 `Array#map()` 和 `Array#reduce()` 在 JavaScript 中建立單執行緒版本，但多執行緒版本則需要不同的執行緒來處理資料串列的子集合。搜尋引擎使用 Map 來掃描數百萬個文件中的關鍵字，然後使用 Reduce 對它們進行評分和排名，以為使用者提供相關結果網頁。Hadoop 和 MongoDB 等資料庫系統皆受益於 MapReduce。

圖形處理

許多圖形處理任務也受益於多執行緒。就像在細胞網格上執行的生命遊戲問題一樣，影像也是表達為像素網格。在這兩種情況下，每個坐標處的值都可以表達為一個數字，雖然生命遊戲使用單一 1 位元數字，而影像更有可能會使用 3 或 4 個位元組（紅色、綠色、藍色和可選的 alpha 透明度）。然後，影像過濾變成了將影像細分為較小影像的問題，讓執行緒池中的執行緒平行處理較小的影像，然後在更改完成後更新介面。

這裏並沒有包含所有您應該使用多執行緒的情況；這裏只是列出一些最明顯的使用案例。

一件一直重複出現的主題是那些不需要共享資料的問題，或者至少不需要協調讀取和寫入共享資料的問題，如果使用多執行緒的話會更容易建模。雖然編寫沒有很多副作用的程式碼通常是有益的，但在編寫多執行緒程式碼時，這種好處會惡化。

另一個對 JavaScript 應用程式特別有益的使用案例是模板渲染（template rendering）。根據所使用的程式庫不同，我們可以使用表示原始模板的字串和包含修改模板的變數的物件來完成模板的渲染。對於此類的使用案例，通常沒有太多的全域狀態要考慮，只需要考慮兩個輸入，並傳回單一字串輸出。流行的模板渲染套件 mustache 和 handlebars 就是這種情況。從 Node.js 應用程式的主執行緒卸載模板渲染，似乎是獲得效能的合理位置。

讓我們測試一下這個假設。請建立一個名為 *ch8-template-render/* 的新目錄。在此目錄中，複製並貼上範例 6-3 中目前的 *ch6-thread-pool/rpc-worker.js* 檔案。儘管該檔案在未作修改的情況下也能正常運作，但您應該註解掉 `console.log()` 敘述，以免它減慢了基準測試的速度。

您還需要初始化一個 npm 專案並安裝一些基本套件。您可以透過執行以下命令來執行此操作：

```
$ npm init -y
$ npm install fastify@3 mustache@4
```

接下來，請建立一個名為 *server.js* 的檔案。這代表一個 HTTP 應用程式，它在收到請求時會執行基本的 HTML 渲染。這個基準測試將使用一些真實世界的套件，而不是為所有東西載入內建模組。請用範例 8-1 的內容啟動該檔案。

範例 *8-1 ch8-template-render/server.js*（第一部分）

```
#!/usr/bin/env node
// npm install fastify@3 mustache@4

const Fastify = require('fastify');
const RpcWorkerPool = require('./rpc-worker.js');
const worker = new RpcWorkerPool('./worker.js', 4, 'leastbusy');
const template = require('./template.js');
const server = Fastify();
```

該檔案首先會實例化 Fastify web 框架，以及一個具有四個 worker 的 worker 池。該應用程式還會載入一個名為 *template.js* 的模組，它將用於渲染該 web 應用程式所使用的模板。

現在，您已準備好宣告一些路由（route）並告訴伺服器去偵聽請求。請繼續編輯檔案並向其中添加範例 8-2 中的內容。

範例 *8-2 ch8-template-render/server.js*（第二部分）

```
server.get('/main', async (request, reply) =>
  template.renderLove({ me: 'Thomas', you: 'Katelyn' }));

server.get('/offload', async (request, reply) =>
  worker.exec('renderLove', { me: 'Thomas', you: 'Katelyn' }));

server.listen(3000, (err, address) => {
  if (err) throw err;
  console.log(`listening on: ${address}`);
});
```

應用程式中引入了兩條路由。第一個是 GET /main，它將在主執行緒中執行請求的渲染。這代表了單執行緒應用程式。第二個路由是 GET /offload，渲染工作將被卸載到一個單獨的 worker 執行緒。最後，指示伺服器去偵聽連接埠 3000。

至此，應用程式在功能上已經完整了。但作為一個額外的好處，能夠量化伺服器正忙於做的工作量會很好。雖然我們確實可以透過使用 HTTP 請求基準測試來對此應用程序的效率進行測試，但有時也可以查看其他數字。請添加範例 8-3 中的內容以完成檔案。

範例 *8-3 ch8-template-render/server.js*（第三部分）

```
const timer = process.hrtime.bigint;
setInterval(() => {
  const start = timer();
  setImmediate(() => {
    console.log(`delay: ${(timer() - start).toLocaleString()}ns`);
  });
}, 1000);
```

此程式碼使用了每秒執行一次的 setInterval 呼叫。它封裝了一個 setImmediate() 呼叫，並在呼叫之前和之後以奈秒為單位測量當前的時間。它並不完美，但它是一種估算程序當前正在接收多少負載的方法。隨著程序的事件迴圈變得越來越繁忙，報告的數量會越來越多。此外，事件循環的繁忙程度，會影響整個程序中非同步運算的延遲。因此，將數字保持較低會與具有更高效能的應用程式相關。

接下來，請建立一個名為 *worker.js* 的檔案。將範例 8-4 中的內容添加到其中。

範例 *8-4 ch8-template-render/worker.js*

```javascript
const { parentPort } = require('worker_threads');
const template = require('./template.js');

function asyncOnMessageWrap(fn) {
  return async function(msg) {
    parentPort.postMessage(await fn(msg));
  }
}

const commands = {
  renderLove: (data) => template.renderLove(data)
};

parentPort.on('message', asyncOnMessageWrap(async ({ method, params, id }) => ({
  result: await commands[method](...params), id
})));
```

這是您之前建立的 worker 檔案的修改版本。在本案例中使用了單一的命令 renderLove()，它接受具有鍵值對（key value pair）的物件以供模板渲染函數使用。

最後，請建立一個名為 *template.js* 的檔案，並將範例 8-5 中的內容添加到其中。

範例 *8-5 ch8-template-render/template.js*

```javascript
const Mustache = require('mustache');
const love_template = "<em>{{me}} loves {{you}}</em>".repeat(80);

module.exports.renderLove = (data) => {
  const result = Mustache.render(love_template, data);
  // Mustache.clearCache();
  return result;
};
```

在真實世界應用程式中，此檔案可用於從磁碟讀取模板檔案並替換其中的值，從而顯示完整的模板列表。對於這個簡單的範例，只匯出了一個模板渲染器，並使用了一個硬編碼模板。這個模板使用了兩個變數，me 和 you。該字串重複多次以趨近真實世界應用程式可能使用的模板長度。模板越長，渲染所需的時間就越長。

現在檔案已建立，您已準備好執行應用程式了。執行以下命令來執行伺服器，然後針對它啟動基準測試：

```
# 終端機 1
$ node server.js
```

```
# 終端機 2
$ npx autocannon -d 60 http://localhost:3000/main
$ npx autocannon -d 60 http://localhost:3000/offload
```

在強大的 16 核心筆記型電腦上進行測試時，當完全在主執行緒中渲染模板時，應用程式的平均產能為每秒 13,285 個請求。但是，在將模板渲染卸載到 worker 執行緒後執行相同的測試時，平均產能為每秒 18,981 個請求。在這種特殊情況下，這意味著產能增加了約 43%。

事件迴圈的延遲也顯著降低。在程序閒置時對呼叫 setImmediate() 所花費的時間進行採樣的結果是平均大約為 87 微秒。在主執行緒中執行模板渲染時，平均的延遲為 769 微秒。將渲染卸載到 worker 執行緒時，進行採樣的平均時間為 232 微秒。從這兩個值中減去閒置狀態，意味著使用執行緒時大約會有 4.7 倍的改進。圖 8-3 比較了這些樣本在 60 秒基準測試期間隨時間變化的情形。

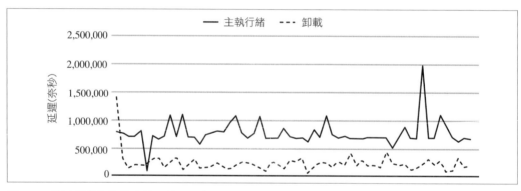

圖 8-3　使用單執行緒與多執行緒時的事件迴圈延遲

這是否意味著您應該重構您的應用程式以將渲染卸載到另一個執行緒？不需要。在這個人為的範例中，應用程式透過額外的執行緒變得更快，但這是在 16 核心機器上完成的。您的產出應用程式很可能只能存取較少的核心。

也就是說，測試時最大的效能差異是模板的大小。當它們比較小時，比如不要重複字串，則在單執行緒中渲染模板會更快。它會變慢的原因是在執行緒之間傳遞模板資料的額外負擔會比渲染一個小模板所需的時間要大得多。

與所有基準測試一樣，請保留這個基準。您需要在產出環境中使用您的應用程式測試此類更改，以確定它是否會因為額外的執行緒而受益。

注意事項摘要

這是之前所提到的在 JavaScript 中使用執行緒時注意事項的組合列表：

複雜度

使用共享記憶體時，應用程式往往變得更複雜。如果您使用 Atomics 來手寫呼叫並手動使用 SharedBufferArray 實例的話，尤其是如此。現在，我們透過使用第三方模組，可以從應用程式中隱藏很多這種複雜性。在這種情況下，可以用乾淨的方式表示您的 worker、從主執行緒與它們進行通訊、並將所有相互通訊和協調抽象化。

記憶體額外負擔

添加到程式中的每個執行緒都有額外的記憶體負擔。如果在每個執行緒中載入大量模組的話，這種記憶體額外負擔就會增加。儘管在現代電腦上額外負擔可能不是很大，但為了安全起見，值得在最終會執行程式碼的終端硬體上進行測試。幫助緩解此問題的一種方法是審核在不同執行緒中載入的程式碼。確保您不會不必要的載入不需要的東西！

沒有共享物件

由於我們無法在執行緒之間共享物件，因此很難將單執行緒應用程式輕鬆的轉換為多執行緒應用程式。相反的，當涉及到改變物件時，您需要傳遞訊息，最終改變位於單一位置的物件。

沒有 DOM 存取

只有基於瀏覽器的應用程式的主執行緒才能存取 DOM。這會讓把 UI 的渲染任務卸載到另一個執行緒的這件事變得困難。也就是說，主執行緒完全有可能要負責 DOM 的改變，而其他執行緒則可以完成繁重的工作並將資料的改變傳回到主執行緒以更新 UI。

修改後的 *API*

與缺乏 DOM 存取一樣，執行緒中可用的 API 也會有細微的變化。在瀏覽器中，這意味著不會呼叫 `alert()`，並且個別的 worker 類型會有更多規則，例如不允許阻擋式的 `XMLHttpRequest#open()` 請求、`localStorage` 限制、最高階的 `await` 等。雖然有一些擔心是沒有必要的，但這確實意味著並非所有程式碼都可以在未經修改的情況下在每個可能的 JavaScript 語境中執行。處理此問題時，文件說明會是您的好朋友。

結構化複製演算法的限制

結構化複製演算法存在一些限制，這可能會使在不同執行緒之間傳遞某些類別的實例變得困難。目前，即使兩個執行緒可以存取相同的類別定義，執行緒之間傳遞的類別的實例也會變成普通的 `Object` 實例。雖然可以將資料重新結合到類別實例中，但這確實需要手動操作。

需要特別標頭的瀏覽器

當透過 SharedArrayBuffer 在瀏覽器中使用共享記憶體時，伺服器必須在對網頁所使用的 HTML 文件的請求中提供兩個額外的標頭。如果您可以完全控制伺服器的話，那麼這些標頭可能很容易導入。但是，在某些託管環境中，可能很難或不可能提供此類標頭。甚至本書中用於託管本地端伺服器的套件也需要修改來啟用標頭。

執行緒準備度偵測

並沒有內建功能可以知道產生出來的執行緒何時會準備好使用共享記憶體。取而代之的是，必須首先建構一個解決方案，該解決方案基本上可以 ping 執行緒，然後等到收到回應為止。

結構化複製演算法

結構化複製演算法（*structured clone algorithm*）是 JavaScript 引擎在使用某些 API 來複製物件時使用的一種機制。最值得注意的是，它是在 worker 之間傳遞資料時使用，儘管其他 API 也會使用它。使用這種機制，資料會被序列化，然後反序列化為另一個 JavaScript 領域內的物件。

當以這種方式複製物件時，例如從主執行緒複製到 worker 執行緒或從一個 worker 執行緒複製到另一個 worker 執行緒時，修改某一邊的物件並不會影響另一邊的物件。現在基本上有兩個資料的副本。結構化複製演算法的目的是為開發人員提供比 JSON.stringify 更友善的機制，同時施加合理的限制。

瀏覽器在 web worker 之間複製資料時會使用結構化複製演算法。同樣的，Node.js 在 worker 執行緒之間複製資料時也會使用它。基本上，當您看到 .postMessage() 呼叫時，傳入的資料就是以這種方式複製的。瀏覽器和 Node.js 遵循相同的規則，但它們都支援可被複製的額外的物件實例。

作為一個快速的經驗法則，任何可以乾淨的表達成 JSON 的資料，都可以透過這種方式安全的進行複製。堅持以這種方式來表達的資料必定會導致很少的驚喜。不過，結構化複製演算法也支援其他幾種類型的資料。

首先，JavaScript 中可用的所有原始資料型別（Symbol 型別除外）都可以表達。這包括 Boolean、null、undefined、Number、BigInt 和 String 型別。

Array、Map 和 Set 的實例都用於儲存資料的集合，它們也可以透過這種方式進行複製。甚至也可以傳遞用來儲存二進位資料的 ArrayBuffer、ArrayBufferView 和 Blob 實例。

一些更複雜的物件的實例，只要它們非常普遍且已被深入理解，也可以傳遞。這包括使用 Boolean 和 String 建構子函數、Date 甚至是 RegExp 實例所建立的物件。[1]

在瀏覽器端，可以複製更複雜和鮮為人知的物件實例，例如 File、FileList、ImageBitmap 和 ImageData 的物件實例。

在 Node.js 方面，可以複製的特殊物件實例包括 WebAssembly.Module、CryptoKey、FileHandle、Histogram、KeyObject、MessagePort、net.BlockList、net.SocketAddress 和 X509Certificate。甚至可以複製 ReadableStream、WritableStream 和 TransformStream 的實例。

另一個適用於結構化複製演算法但不適用於 JSON 物件的顯著差異是遞迴物件（具有參照另一個屬性的巢狀屬性的物件）也可以被複製。該演算法足夠聰明，一旦遇到重複的巢狀物件就會停止將物件序列化。

有幾個缺點可能會影響您的實作。首先，不能以這種方式複製函數。函數可以是非常複雜的東西。例如，它們有一個可用的範疇（scope）並且可以存取在它們之外宣告的變數。在領域之間傳遞這樣的東西並沒有多大意義。

另一個可能會影響您的實作的缺失功能是瀏覽器中的 DOM 元素無法傳遞。這是否意味著無法在 DOM 中向使用者顯示 web worker 所執行的工作？絕對不是的。相反的，您需要讓 web worker 傳回一個主 JavaScript 領域能夠轉換並顯示給使用者的值。例如，如果您要在 web worker 中計算 1,000 次的 fibonacci 迭代，則可以傳回這個數值，然後呼叫它的 JavaScript 程式碼就可以獲取該值並將其放入 DOM 中。

JavaScript 中的物件相當複雜。有時可以使用物件實字（literal）語法建立它們。其他時候它們可以透過實例化一個基底類別來建立。還有一些時候可以透過設置屬性敘述符和 setter 和 getter 來修改。當涉及到結構化複製演算法時，只會保留物件的基本值。

最值得注意的是，這意味著，當您定義自己的類別並傳遞要複製的實例時，只會複製該實例自己的屬性，而產生的物件將是 Object 的實例。原型中定義的屬性也不會被複製。即使您在呼叫者和 web worker 內部都定義了 class Foo {}，該值仍然是 Object 的一個實例。這是因為沒有真正的方法來保證複製的雙方都在處理完全相同的 Foo 類別[2]。

---

[1] RegExp 實例有一個小警告。它們包含一個 .lastIndex 屬性，當在同一字串上多次執行正規表示法會使用該屬性來瞭解運算式上次結束的位置。此屬性並不會被傳遞。

[2] 有一些提議允許序列化和反序列化類別實例，例如 "JavaScript 物件的使用者定義結構化複製"（*https://oreil.ly/HZUyz*），因此這種限制可能不是永久性的。

某些物件將完全拒絕被複製。例如，如果您嘗試將 `window` 從主執行緒傳遞到 worker 執行緒時，或者如果您嘗試以相反的方向傳回 `self` 時，您可能會收到以下錯誤之一，根據瀏覽器而異：

```
Uncaught DOMException: The object could not be cloned.
DataCloneError: The object could not be cloned.
```

JavaScript 引擎之間存在著一些不一致，因此最好在多個瀏覽器中測試您的程式碼。例如，Chrome 和 Node.js 支援複製 `Error` 實例，但 Firefox 目前並不支援。[3] 一般的經驗法則是，與 JSON 相容的物件永遠不會出問題，但更複雜的資料可能會出問題。基於這個原因，傳遞更簡單的資料通常是最好的。

---

[3] Firefox 計畫最終將會支援此功能。請參閱「允許對原生錯誤類型進行結構化複製」(*https://oreil.ly/wT4NG*)。

索引

※ 提醒您：由於翻譯書排版的關係，部份索引名詞的對應頁碼會和實際頁碼有一頁之差。

X

關於作者

Thomas Hunter II 為數十項企業級 Node.js 服務做出了貢獻，並曾在一家致力於保護 Node.js 的公司工作。他曾在多個 Node.js 和 JavaScript 會議上發表演講、獲得了 JSNSD/JSNAD 認證、並且是 NodeSchool SF 的組織者。

Bryan English 是一位開源的 JavaScript 和 Rust 程式設計師和愛好者，曾從事大型企業系統、儀器和應用程式安全方面的工作。目前他是 Datadog 的資深開源軟體工程師。自 Node.js 建立後不久，他就在專業和個人專案中使用了 Node.js。他還是 Node.js 的核心合作者，並透過多個不同的工作群組以多種方式為 Node.js 做出了貢獻。

出版紀事

本書封面上的禽鳥是小水鴨（*Anas crecca*）。這種鴨子常見於加拿大北部的濕地和北方森林，但會在冬天向南遷移到北美其他大部分地區。

成熟雄性的側腹和背部呈灰色，後端呈黃色，栗色的頭部有綠色斑塊，其獨特的白邊綠色翼斑羽毛讓牠們又被稱為綠翅鴨。雌性小水鴨呈淺棕色，看起來與雌性野鴨非常相似。小水鴨是北美最小的涉水鴨。牠們偏愛淺水區，經常被發現棲息在樹樁或泥灘上。

牠們是一種相當吵鬧的物種，雄性小水鴨會發出清晰的口哨聲，而雌性鳥類則有明顯的「嘎嘎聲」。小水鴨們主要在泥灘或淺沼澤上覓食，吃水生植物和挺水型水生植物的種子、莖和葉。牠們被人類、臭鼬、赤狐、浣熊、烏鴉和喜鵲捕食。

小水鴨目前的保護狀況是「無危（Least Concern）」。O'Reilly 封面上的許多動物都瀕臨滅絕；所有這些動物對世界都很重要。

封面插圖由 Karen Montgomery 繪製，原稿為英國鳥類（*British Birds*）中的黑白版畫。

JavaScript 多執行緒｜超越事件迴圈的並行

作　　者：Thomas Hunter II, Bryan English
譯　　者：楊新章
企劃編輯：蔡彤孟
文字編輯：詹祐甯
設計裝幀：陶相騰
發 行 人：廖文良

發 行 所：碁峰資訊股份有限公司
地　　址：台北市南港區三重路 66 號 7 樓之 6
電　　話：(02)2788-2408
傳　　真：(02)8192-4433
網　　站：www.gotop.com.tw
書　　號：A696
版　　次：2022 年 05 月初版
建議售價：NT$580

國家圖書館出版品預行編目資料

JavaScript 多執行緒：超越事件迴圈的並行 / Thomas Hunter II,
　　Bryan English 原著；楊新章譯. -- 初版. -- 臺北市：碁峰資訊，
　　2022.05
　　　　面；　公分
　　譯自：Multithreaded JavaScript: concurrency beyond the
　　event loop.
　　　　ISBN 978-626-324-167-1(平裝)
　　　　1.CST：Java Script(電腦程式語言)
312.32J36　　　　　　　　　　　　　　　　　111005383

讀者服務

● 感謝您購買碁峰圖書，如果您對本書的內容或表達上有不清楚的地方或其他建議，請至碁峰網站：「聯絡我們」\「圖書問題」留下您所購買之書籍及問題。(請註明購買書籍之書號及書名，以及問題頁數，以便能儘快為您處理)

http://www.gotop.com.tw

● 售後服務僅限書籍本身內容，若是軟、硬體問題，請您直接與軟體廠商聯絡。

● 若於購買書籍後發現有破損、缺頁、裝訂錯誤之問題，請直接將書寄回更換，並註明您的姓名、連絡電話及地址，將有專人與您連絡補寄商品。